ハムのLED工作
お役立ちガイド

JG1CCL
内田 裕之 著

HAM TECHNICAL SERIES

はじめに

　ものづくりは，老若男女問わず楽しいものです．特に，光りもの(LED)は，動作もわかりやすく，きれいでかわいく，女性にも人気があるのではないでしょうか．昨年(2014年)，青色LEDの開発と普及の功績により，日本人三名がノベール賞を受賞したこともあり，一段と注目されていると思います．そして，回路がわからなくても，見ているだけで十分楽しめますので，魅了されている方も多いと思います．しかし，光りもの(LED)を思いどおりに点滅できたら，自由に制御できたら，さらに楽しさが倍増すると思いませんか．また，多くの人を魅了できると思いませんか．

　本書は，LEDを使った光りもの(LED)の電子工作本です．しかし一歩踏み込み，LEDを使いこなすための動作原理や，光らせるための基本設計などについて，優しくまとめてみました．オーソドックスにアナログ回路やロジックICで実現し，さらに同じ動作をArduino UnoとPICで実現しています．そのまま作るもよし，応用例を見ながら改造するもよしです．読み終えたあとは，あなたは光りものの魔術師になっているはずです．それでは，皆さんと一緒に，エレガントなものづくりを楽しみたいと思います．

　末筆となりましたが，不慣れでマイペースな筆者に最後まで粘り強くお付き合いいただきました多くの皆さまのおかげで本書を上梓することができました．紙面をお借りして感謝を申しあげます．

　そして，影で支えてくれた妻と娘にも……．

2015年3月　内田　裕之

CONTENTS

はじめに ……………………………………………………………………………… 2
本書の使い方 ………………………………………………………………………… 6

1章　LED工作の基礎 …………………………………………………… 7

1-1　電子ルーレットを作る ………………………………………………………… 8
　　電子ルーレット ………………………………………………………………… 8
　　完成した回路 …………………………………………………………………… 15
　　使用部品と実装時の注意 ……………………………………………………… 15
　　補足説明 ………………………………………………………………………… 16
　Column
　　汎用ロジックIC ………………………………………………………………… 9
　　バイパス・コンデンサ ………………………………………………………… 10
　　コンプリメンタリ ……………………………………………………………… 12

1-2　電波と音に反応するイルミネーションを作る …………………………… 18
　　LEDの選択 ……………………………………………………………………… 19
　　回路について …………………………………………………………………… 19
　　ツリーの骨組みを製作 ………………………………………………………… 20
　　LEDの取り付け ………………………………………………………………… 22
　　LED駆動部分とセンサ部分の製作 …………………………………………… 23
　　ケースへの部品取り付け ……………………………………………………… 23
　　調整方法 ………………………………………………………………………… 24
　Column
　　LED検波無電源ラジオ ………………………………………………………… 26

2章　マイコンでLEDを光らせよう ……………………………… 27

2-1　PICで作る電子ルーレット …………………………………………………… 28
　　開発環境 ………………………………………………………………………… 28
　　ブレッドボードに実装する …………………………………………………… 29
　　スイッチを押したときに点灯 ………………………………………………… 31
　　スイッチを押している間は順次点滅させる ………………………………… 31
　　スイッチを離すと少しだけ進み停止 ………………………………………… 34
　　PICの開発環境について ……………………………………………………… 47
　Column
　　チャタリング除去 ……………………………………………………………… 30
　　コンフィグレーション・ビット ……………………………………………… 30
　　割り込み ………………………………………………………………………… 33
　　Switch文 ………………………………………………………………………… 34
　　インターバル・タイマを利用 ………………………………………………… 40

2-2　Arduino UNOで作る電子ルーレット ……………………………………… 48
　　開発環境 ………………………………………………………………………… 48

※「1-1 電子ルーレットを作る」,「1-2 電波と音に反応するイルミネーションを作る」は別冊CQ ham radio QEX Japan No.12 (2014年9月号)の「シャックの小物を理解しながら作る」記事から再編集したものです.

CONTENTS

    ブレッドボードに実装する …………………………………………………… 49
    ボタンを押したときに点灯 …………………………………………………… 49
    ボタンを押している間は順次点滅 …………………………………………… 51
    ボタンを離すと少しだけ進み停止 …………………………………………… 53
  Column
    Arduino 言語 …………………………………………………………………… 48
    未接続ピンのノイズ …………………………………………………………… 52
    #define と const ……………………………………………………………… 56

2-3　Arduino UNO で作るツリー型イルミネーション ………………………… 59
    ブレッドボードに実装する …………………………………………………… 59
    デジタル電圧計 ………………………………………………………………… 60
    動作確認 ………………………………………………………………………… 61
  Column
    基準電圧 ………………………………………………………………………… 59

3章　アマチュア無線お役立ち工作編 ……………………… 63

3-1　LED 表示電圧計を作る ………………………………………………………… 64
    ドット / バー・ディスプレイ・ドライバ IC LM3914 で設計 …………… 64
    製作 ……………………………………………………………………………… 66
  Column
    データシート …………………………………………………………………… 64

3-2　光と音で知らせる受信報知器を作る ………………………………………… 71
    ロジック IC とディスクリート部品で作る ………………………………… 71
    受信（着信）を検知する回路 ………………………………………………… 73
    製作 ……………………………………………………………………………… 78
    製作の確認をする ……………………………………………………………… 80
    電子オルゴールを別基板化しておくわけ …………………………………… 80
  Column
    時計回り最大 …………………………………………………………………… 81

3-3　LED 表示 S メータを作る …………………………………………………… 82
    ドット / バー・ディスプレイ・ドライバ IC LM3915 で作る …………… 82
    製作してみよう ………………………………………………………………… 86
    動作試験と較正 ………………………………………………………………… 88
  Column
    シグナル・レポート …………………………………………………………… 84
    部品入手方法 …………………………………………………………………… 89
    dB（デシベル）とは ………………………………………………………… 90

3-4　LED 表示 ON THE AIR を作る ……………………………………………… 91
    ディスクリート部品で作る …………………………………………………… 91
    製作してみよう ………………………………………………………………… 93
    調整をする ……………………………………………………………………… 98

CONTENTS

　Column
　　「ON AIR」と「ON THE AIR」 ……………………………………… 92
　　ピン・ヘッダと QI ピン付きケーブル ………………………………… 97
3-5　LED チェッカー ……………………………………………………… 99
　　LED チェッカーの概要 ………………………………………………… 99
　　回路設計の実際 ………………………………………………………… 99
　　回路と実測結果 ………………………………………………………… 102
　　製作してみよう　ケースの加工 ……………………………………… 102
　　製作してみよう　実装 ………………………………………………… 103
　　較正方法 ………………………………………………………………… 104
　　使ってみよう …………………………………………………………… 105

4章　LEDイルミネーション工作を楽しもう …………………… 107

4-1　鉄道模型のジオラマ電飾を作る ……………………………………… 108
　　ドライバ IC やディスクリート部品で作る …………………………… 108
　　白色 LED ドライバ IC ………………………………………………… 110
　　ジオラマ電飾を製作する ……………………………………………… 111
　　LED を点灯してみよう ………………………………………………… 113
　　Column
　　　ジュールシーフ(Joule Thief) ……………………………………… 109
　　　リード線 ……………………………………………………………… 112
4-2　鉄道模型の前照灯と尾灯を作る ……………………………………… 114
　　前照灯と尾灯を作る …………………………………………………… 114
　　製作してみよう ………………………………………………………… 116
　　車輌への実装 …………………………………………………………… 117
　　室内灯や種別幕灯を作る ……………………………………………… 119
　　Column
　　　スナバー回路 ………………………………………………………… 118
　　　自己点滅型 LED を利用した点滅回路 …………………………… 120

5章　資料編 LED 使いこなしガイド ～正しく使うために～ …… 121

5-1　LED とは ……………………………………………………………… 122
　　LED の構造 ……………………………………………………………… 122
　　LED 三原則 ……………………………………………………………… 122
　　直列接続と並列接続 …………………………………………………… 124
　　LED の種類 ……………………………………………………………… 125
　　Column
　　　光量の単位 …………………………………………………………… 123
5-2　φ5mm LED 規格表 …………………………………………………… 130
索　引 ………………………………………………………………………… 132
参考文献 ……………………………………………………………………… 134
著者略歴 ……………………………………………………………………… 135

※「3-5 LEDチェッカー」は別冊CQ ham radio QEX Japan No.11（2014年6月号）の「シャックの小物を理解しながら作る」から再編集したものです．

本書の使い方

　電子工作が始めての方は，製作手順から読み進めてください．経験者の方は興味のあるプチ工作から試してみてください．また，PICとArduino UNOでの製作は，それぞれの開発環境が必要です．使用している測定機器は特に記載がない限り，テスターは「METEX社ポケットデジタルマルチメーターP-16」です．そして，オシロスコープは「250Ms/s 200MHz帯域FFT搭載PCベースデジタルオシロスコープ DSO5200A USB（7.0.0.3）」です．

1章　LED工作の基礎

　基本となる10進ジョンソン・カウンタIC TC4017を使った電子ルーレット，ディスプレイ・ドライバIC LM3915を使った，クリスマスには欠かせないツリー型イルミネーションを製作します．

2章　マイコンでLEDを光らせよう

　前章で製作した電子ルーレットやツリー型イルミネーションを，PICとArduino UNOで製作します．

3章　アマチュア無線お役立ち工作編

　アマチュア無線運用にあると便利な，LED表示のビジュアルな電圧計やSメータを製作します．また光センサを使った光と音で受信や着信を知らせる受信報知器，電波検出器にもなるLED表示ランプ（ON THE AIR）を製作します．最後に，LEDチェッカーを製作し，順方向電流や順方向電圧の測定方法を解説します．

4章　LEDイルミネーション工作を楽しもう

　電池1本で白色LEDを点灯させる鉄道模型のジオラマ用LEDイルミネーションを製作します．また，鉄道模型の前照灯と尾灯を試作します．

5章　資料編　LED使いこなしガイド～正しく使うために～

　製作してきたLEDの構造と種類について，資料を交えて詳しく説明します．また，動作原理や光らせ方の基本となる「LED三原則」を解説します．

1章
LED工作の基礎

LED工作もただ点灯させるだけでは面白みがありません．点滅させたり，順番に点灯させたりする回路を加えて，LED工作をより楽しく応用できるものにするための基礎回路と工作を試してみましょう．

1-1 電子ルーレットを作る

1-2 電波と音に反応するイルミネーションを作る

1-1 電子ルーレットを作る

JH1FCZ 大久保氏のCirQ6号[注1]に掲載されている製作記事を参考に，LEDを使ったイルミネーションの基本となる，タイトル写真のような電子ルーレットを製作します．本物のルーレット（仏語：roulette）は，回転している円盤に球を投げ入れて，球の落ちる場所を当てるカジノ・ゲームです．しかし，製作する電子ルーレットは，円周上に配置された10個のLEDを，順番に点滅させるものです．それでは，どのようなものを製作するのか決めておきます．

● 仕様──何を製作するのか決める
- ボタンを押すと10個のLEDが順番に点滅
- ボタンを離すと少しだけ進み点灯し停止
- 電源電圧は9V（006P）

● 設計製作──手順を考える
- 10個のLEDを点灯させる回路
- 1から10までをカウントアップする回路
- カウントする信号を発生する回路

● 応用──ステップアップする
- Arduino UNOとPICで製作
- 電子サイコロの製作など

写真1-1-1　電子ルーレット

電子ルーレット

ロジックICと，汎用トランジスタなどのディスクリート部品を使って，電子ルーレットを製作します．すぐに製作から始めたいときには，「完成した回路」（p.15）から読み進めてください．

● LEDを点灯させる回路

LEDは，電流により輝度が変化します（LEDの詳細については「5章　資料編 LED使いこなしガイド」で解説）．ここでは，LED点灯回路（**図1-1-1**）の電流 I を簡単に計算してみます．電流 I は次式で求めることができます．

$$I = \frac{E - V_F}{R}$$

順方向電圧（V_F）は輝度に関係なく，従来の赤/緑などのLEDで $V_F = 1.6 \sim 1.8$V，青/白/青緑などのLEDは $V_F = 3.2 \sim 3.4$V 程度です．電源電圧 E は9V，電流制限抵抗器 R は1kΩ，赤色LEDでは，

$$I = \frac{9 - 1.8 [\text{V}]}{1 [\text{k}\Omega]} = 7.2 [\text{mA}]$$

となります．

図1-1-1 LED点灯回路図

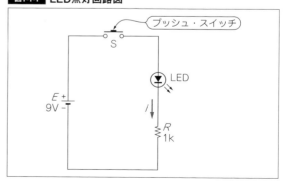

注1：http://www.fcz-lab.com/CIRQ-006-2.pdf

図1-1-2 10個のLEDを同時にすべて点灯する回路

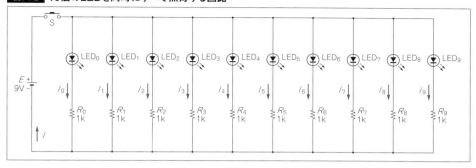

図1-1-3 10個のLEDを順番に点灯/消灯する回路

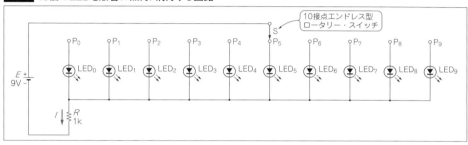

図1-1-2のように10個のLEDを同時に点灯するのであれば，LEDごとに電流制限用抵抗器が必要となります．そして電流Iは，

$$I = I_0 + I_1 + I_2 + I_3 + I_4 + I_5 + I_6 + I_7 + I_8 + I_9$$
$$= 7.2 [\text{mA}] \times 10 = 72 [\text{mA}]$$

となります．しかし，同時には点灯しないので，**図1-1-3**のように抵抗器は1個で済みます．もちろん，電流Iは7.2mAです．

図1-1-1や**図1-1-2**の点灯回路では，プッシュ・スイッチをON/OFFすることによりLEDが点滅します．また，**図1-1-3**では，10接点エンドレス型ロータリー・スイッチを回すことにより，LEDが順番に点灯/消灯します．また，LEDを点灯/消灯するためのスイッチは，いろいろな方法で実現することが可能です．電気的スイッチでは，ロータリー・スイッチをモータで回し，順番に点灯/消灯する方法も考えられます．また，機械式オルゴールのように，順番をプログラムすることも面白いアイデアです．

電子的スイッチでは，ロジックICを使い電子スイッチで，順番に点灯/消灯することもできます．また，Arduino UNOやPICでもこの動作が可能です．それでは，ロジックICを使った回路を考えてみましょう．

● カウントアップする回路

豊富な汎用ロジックICの中から，4017（**図1-1-4**）という有名な10進ジョンソン・カウンタを使用します．同規格のものを各メーカーが製造していますが，電源電圧には注意が必要です．

Column　汎用ロジックIC

汎用ロジックICは，TTLの7400シリーズ（TI社）とCMOSの4000シリーズ（当時のRCA社）および4000シリーズ拡張の4500シリーズ（当時のMotorola社）が有名です．電源電圧範囲が各々異なり，4000シリーズは3～18V，4500シリーズは3～15Vと広く，74HCシリーズは2～6Vで，TTLの74シリーズと機能・ピン配置互換にしたものです．

例えば，MC14017やTC4017の電源電圧は3～18Vですが，74HC4017は2～6Vですので，使用できません．

もちろん，電源電圧範囲内で動作するように改造するのも，ものづくりの醍醐味ですね．おそらく，この章を読み終わるころには，好みで改造もできるようになっていると思います．

図1-1-4 4017のピン接続

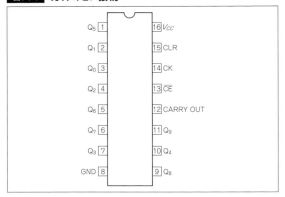

図1-1-5 タイミング・チャート

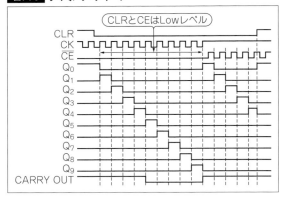

図1-1-6 10進カウンタの回路

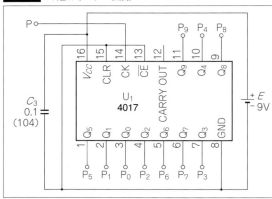

　ジョンソン・カウンタは，10個の出力のうち一つだけがHighレベルになり，残りの9個の出力はLowレベルになるカウンタです．

　さて，4017の動作ですが，14番ピンであるCKあるいは13番ピンCEに，入力した信号（パルス）数により，Q_0からQ_9の10本の出力のうち1本の出力がON（Highレベル）となります．**図1-1-5**のタイミング・チャートから，CKはパルスの立ち上り（Highレベル）でカウントされ，CEは立ち下り（Lowレベル）でカウントされるのがわかります．また，クロック信号をCKに入力することでカウントさせることにすると，CLRとCEはLowレベルにしなければならないこともわかります．

　図1-1-6が10進カウンタの回路です．15番ピンCLRと13番ピンCEは，GNDに接続しLowレベルにします．12番ピンCARRY OUTは使用していないので，Openとしどこにも接続しません．CMOSの入力ピンは，必ずV_{cc}またはGNDへの接続処理が必要です．これは，CMOSの入力インピーダンスは非常に高いので，Openのまま使用すると，出力が不安定となります．そして，誤動作の原因となります．一方，出力ピンはOpenのままとします．

　また，デジタル回路では，バイパス・コンデンサの使用は必須条件とも言われています．本来，適切な周波数帯域をカバーするコンデンサを，複数個入れたほうが効果的です．

　しかし通常は，1個のICに1個のバイパス・コン

Column　バイパス・コンデンサ

　MC14017やTC4017のデータシートによれば，出力立ち上がり時間（tTLH）と出力立ち下がり時間（tTHL）は，電源電圧10Vのとき約50nsですので，周波数帯域は10MHzを考慮しなくてはなりません．このことから積層セラミック・コンデンサであれば$0.1\mu F$あたりが適当と思われます．また，目安として100MHz以上の周波数帯域であるときには，$0.01\mu F$と小さくします．

　以上のことから，バイパス・コンデンサC_3を，$0.1\mu F$としています．

図1-1-7 非安定マルチバイブレータ回路

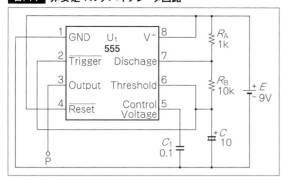

表1-1-1 タイマーIC555各種の比較

型番	電源電圧(V)	周波数(kHz)	出力電流(mA)
NE555	4.5〜16	500	200
LMC555	1.5〜15	3000	100
ICM7555	3〜16	500	100
IPA555	2〜18	1000	100

図1-1-8 弛張型発振回路

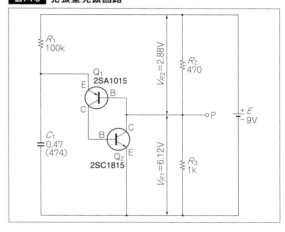

デンサを，電源ピンのできるだけ近くに配置します．一般的には，積層セラミック・コンデンサ0.01〜1μFを使用します．

ところで，カウンタにはフリップフロップが使われています．そして，フリップフロップを動作させるためにはクロックが必要になります．それでは，クロックを発生するパルス発振回路，すなわちカウントする信号を発生する回路を考えてみることにします．

● **カウントする信号を発生する回路**

時計やメトロノームのように基準となるクロック信号を発生するには，さまざまな発振方法があります．発振回路は，その原理により大きく帰還型と弛張型に分類することができます．

● **帰還型発振回路**

帰還型（Harmonic oscillator）は，増幅回路から出力の一部を入力に戻します．すなわち帰還（フィードバック）することにより，規則的な電圧変動を生じさせるものです．身近なものに，マイクのハウリング現象があります．

図1-1-7が，有名なタイマーIC555による非安定マルチバイブレータ回路です．非安定モードでの発振周波数とデューティ比は，抵抗器R_AとR_BおよびコンデンサCの値で決まります．

$$f = \frac{1.443}{C(R_A + 2R_B)} \text{[Hz]}$$

$$D_+ = \frac{R_A}{R_A + R_B} \text{[\%]}$$

例えば，

$f = 1.443 / 10 \text{[μF]}(1\text{[kΩ]} + 2 \times 10\text{[kΩ]}) = 6.87\text{[Hz]}$,

$D_+ = 10\text{[kΩ]}/(1\text{[kΩ]} + 10\text{[kΩ]}) = 90.9\text{[\%]}$

と計算ではなります．実際には，浮遊容量や抵抗器とコンデンサの誤差により，調整が必要です．しかし，電子ルーレットで使用する場合には問題にならない許容範囲ですので，好みの点滅速度になる値に変更してみるのも楽しいと思います．

また，タイマーICの型番でも**表1-1-1**のように，電源電圧や周波数，出力電流が異なりますので，注意してください．必ずデータシートを確認する習慣が大切だと思います．

● **弛張型発振回路**

弛張型（Relaxation oscillator）は，スイッチのONとOFFを制御することで，断続した電気信号を生じさせるものです．身近なものとして，リレーやブザーなどがあります．また，LEDを点滅する回路やノイズ・ブリッジに使用するホワイト・ノイズ発生回路にも利用されています．

図1-1-8が，よく使われるNPN型とPNP型コンプリメンタリ・トランジスタを使った弛張型発振回路です．電源電圧を，抵抗器R_2とR_3で分圧した出力電圧となります．また，発振周波数は，コンデンサC_1の値と分圧した電圧V_{R1}で決まります．

コンプリメンタリ

コンプリメンタリ（complimentary）とは相互補完の意味で，特性が等しいNPN型とPNP型の一組のことです．例えば，2SA1015と2SC1815や2SA1048と2SC2458などがあります．

図1-1-9 トランジスタQ_1のE-GND間の電圧変化

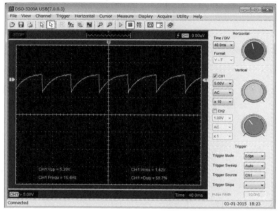

図1-1-10 ししおどし

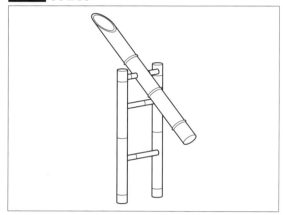

図1-1-11 トランジスタQ_1のC-GND間の電圧変化

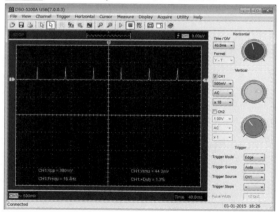

図1-1-12 トランジスタQ_2のC-GND間の電圧変化

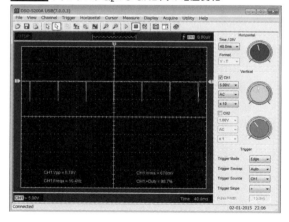

帰還型発振と弛張型発振のどちらでもいいのですが，後者の弛張型発振回路で進めたいと思います．

それでは，弛張型発振回路の動作が，感覚的にわかるようにオシロスコープの画像を見てみます．**図1-1-9**はトランジスタQ_1のE-GND間の電圧変化です．まるでノコギリの歯に見えます．これは，コンデンサCに徐々に充電され，一気に放電を繰り返していることを示しています．すなわち，

トランジスタQ_1のB-E間電圧が順方向電圧である約0.6Vを越えるとスイッチがONになり，E-C間に電流が一気に流れることになります．弛張型発振回路は，よく「ししおどし（**図1-1-10**）」に喩えられます．ししおどしは竹筒に水が徐々に溜まり，満杯になるとその重さで竹筒が頭を下げ，一気に水がこぼれ空になる仕掛けです．

次に，トランジスタQ_1のC-GND間の電圧変化

図1-1-13 コンデンサ0.1μF時

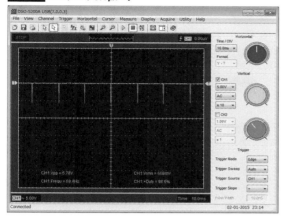

図1-1-14 コンデンサ0.01μF時

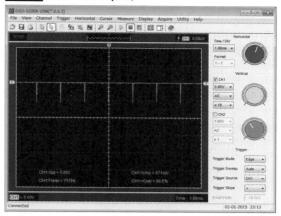

表1-1-2 容量Cと周波数

容量C(μF)	電圧(V)	周波数(Hz)	デューティ比(%)
0.47	5.78	16.4	98.7
0.1	5.78	69.4	98.6
0.01	5.86	75.7	98.5

図1-1-15 少しだけ進み停止する回路

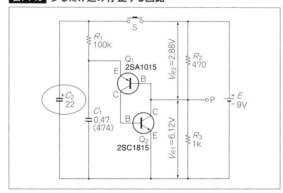

が**図1-1-11**です．コンデンサCに徐々に充電されている間は0Vですが，放電したときにE-C間の電圧が上がり電流が一気に流れます．さらに，トランジスタQ_1のコレクタにトランジスタQ_2のベースが接続されているので，トランジスタQ_2のB-E間電圧が順方向電圧である約0.6Vを越えスイッチがONになり，E-C間に電流が一気に流れます．

最後に，出力電圧であるトランジスタQ_2のC-GND間の電圧変化が**図1-1-12**です．

コンデンサCに徐々に充電されているときには，抵抗器R_1とR_2で電源電圧を分圧した値となります．しかし，C-E間に電流が流れたとき，抵抗器R_2には電流が流れなくなり電圧が0Vになります．そして，またすぐに分圧した値に戻ります．

これらが延々と繰り返されパルスを発振しているわけです．まさに，ししおどし型発振回路です．

もちろん，コンデンサCの容量を変化させると，周波数も変化します．参考までに，**図1-1-13**が0.1μF，**図1-1-14**が0.01μFの測定結果です．一見同じように見えますが，X軸レンジが40.0msから10.0msおよび1.00msになっています．また，**表1-1-2**に，容量Cと周波数の結果をまとめておきます．好みの点滅速度になる値を探してみてください．

ところで，電圧が少し低いのが気になり調べたところ，測定に使用した電池(006P)の電圧が，約8.6Vしかありませんでした．消耗した電池の管理にも注意が必要ですね．

● 少しだけ進み停止するには

これで設計完了でしょうか．もう一度冒頭の仕様を確認すると，「ボタンを離すと少しだけ進み」の部分が，実現できていません．これを実現するためには，コンデンサの放電を利用します．

図1-1-15が少しだけ進み停止する弛張型発振回路です．プッシュ・スイッチを押している間は，発振しながらコンデンサC_2に充電されます．プッシュ・スイッチを離すと，コンデンサC_2から放電され徐々に電圧が下がり，発振が停止します．また，コンデンサC_2の値を変更すると，停止するまでの時間が変化しますので，試してみてください．

図1-1-16 電子ルーレットの回路

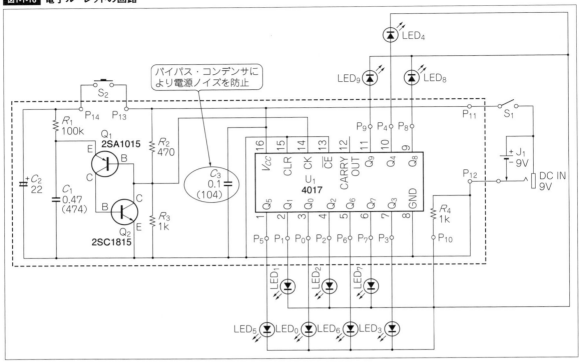

表1-1-3 部品表

部品種類	部品番号	部品名称	仕様・型番			数量
IC	U_1	10進カウンタ	4017	相当品	MC14017, TC4017など(74HC4017は電源電圧が2〜6Vのため不可)	1
		ICソケット	16P			1
トランジスタ	Q_1		2SA1015			1
	Q_2		2SC1815			1
ダイオード	LED1〜10	LED	ϕ5mm			10
コンデンサ	C_1	電解	16V	22μF		1
	C_2	積層セラミック	50V	0.47μF(474)		1
	C_3	積層セラミック	50V	0.1μF(104)	バイパス・コンデンサ	1
抵抗器	R_1			100kΩ		1
	R_2	カーボン皮膜	1/4W	470Ω		1
	R_3, R_4			1kΩ		2
スイッチ	S_1	トグル・スイッチ	小型	2Pまたは3P	ON-OFFまたはON-ON	1
	S_2	プッシュ・スイッチ		2P	モーメンタリ(押している間だけON)	1
ピン・ヘッダ	P_1〜P_{10}	角ピン・シングルライン	10P	2.54mm		1
		QIピン・ケーブル	10P		LED接続用	1
006P用スナップ						1
DCジャック			ϕ2.1mm	3P		1
基板			44×31mm	2.54mm	17×12穴	1
ケース			W65×H38×D100mm		XD-9(サトー電気)	1
ネジ		タッピング	タッピング	M3	30mm	4
				M2.3	6mm	2
線材		ビニル線	ビニル線		約30cm	1
		熱収縮チューブ	熱収縮チューブ		少々	1

図1-1-17 部品面から見た部品配置と配線図

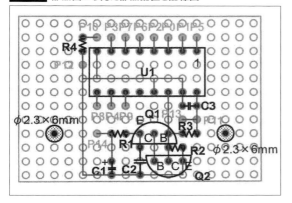

完成した回路

図1-1-16が電子ルーレットの完成した回路です．また，**表1-1-3**が部品表となります．すべての使用している部品は，サトー電気で購入することができます．

基板のはんだ付けは，部品面から見た部品配置と配線図（**図1-1-17**）と**図1-1-18**の実体配線図，完成した基板（**写真1-1-2**）と基板裏側（**写真1-1-3**）の写真を参考にしてください．

ケースは**図1-1-19**の寸法と加工図を参照してください．仕上がりは**写真1-1-4**を参考にしてください．

使用部品と実装時の注意

コンデンサや抵抗器とトグル・スイッチが，接触しないように配置する必要があります．

片面2.54mmピッチの万能基板17×12穴（44×31mm）に実装します．また，コンデンサと抵抗器の切断したリード線を利用して配線します．積層セラミック・コンデンサからはんだ付けをして，その後，抵抗器と電解コンデンサをはんだ付けします．トランジスタは，種類と向きを間違えないようにはんだ付けします．ICソケットは，一度にすべてのピンをはんだ付けせず，対角線に位置する1番ピンと16番ピンを固定し，基板から浮いていないことを確認してからほかのピンをはんだ付けするときれいに仕上がります．

● ケースへの部品取り付け

ケースの上カバーに，トグル・スイッチとプッシュ・スイッチ，LEDを10個取り付けます．**写真**

図1-1-18 実態配線図

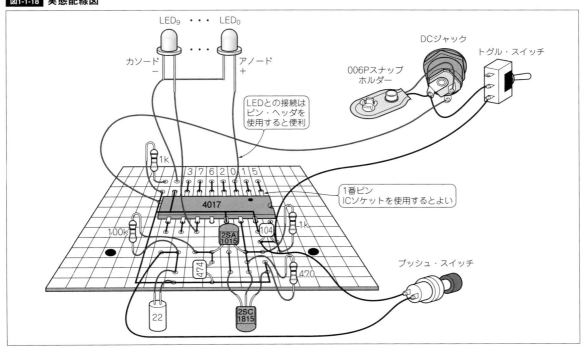

1-1 電子ルーレットを作る

写真1-1-2 完成した基板

写真1-1-3 完成基板裏側のようす

写真1-1-4 加工したケース

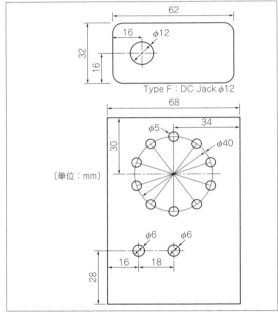

図1-1-19 ケース図面

1-1-5のように，LEDのカソード側リードを，中心に集めてはんだ付けをします．各アノード側は，QIピン・ケーブルを取り付け熱収縮チューブで保護しています．このとき，ケーブル色をカラー・コードと対応させ，通常ルーレットは時計回りですが，反時計回りにしてみます．もちろん，ピンの接続を変更すれば，時計回りにもランダムにもなります．

写真1-1-6のように，基板はタッピング・ネジ（M2.3×6mm）で固定します．基板取り付け後，**写真1-1-7**のように，QIピン・ケーブルのカラー・コードと4017のピン・アサインを確認しながら，ピン・ヘッダへ固定していきます．

背面パネルにDCジャックを取り付けます．ネジの緩み止めボンドなどで，スイッチとLED，DCジャックを固定しておきます．最後に，各種ラベルを貼り付けて完成です．

QIピン・ケーブル色をカラー・コードに対応させるとわかりやすくなります．

補足説明

MC14017やTC4017のデータシートによれば，出力ピンがHighレベルになったときに取り出せる高レベル出力電流は，電源電圧10Vで2.2mAです．また，IC1個に流せる最大入出力電流は，10mAとなっています．実際には，約7mA流していますので，最大入出力電流は定格以内ですが，高レベル出力電流は定格以上の使い方をしています．いいのでしょうか．

定格以内で使用するのであれば，**図1-1-20**のように，トランジスタでLEDをドライブします．出力ピンがHighレベルになると約9Vですから，ト

写真1-1-5 LEDの取り付け

写真1-1-6 ケース内に基板を固定

ランジスタの順方向電圧である約0.6Vを超え，スイッチがONになります．

B-E間に$I_{BE}=(9〔V〕-0.6〔V〕)/10〔kΩ〕=0.84〔mA〕$くらいの電流が流れ，E-C間にもトランジスタの電圧降下がありますが，$I_{EC}=(9-1.8〔V〕)/1〔kΩ〕=7.2〔mA〕$ほどの電流が流れることになります．そして，LEDごとにドライブする回路が必要になります．すなわち，トランジスタと抵抗器が各々10個必要になります．また，バイアス抵抗を内蔵しているデジタル・トランジスタを使う方法もあります．しかし，推奨はされませんしデバイス・メーカーの保証もありませんが，経験上7mAくらいであれば，問題なく動作しています．

そして，気づかれた方も多いと思いますが，**写真1-1-2**の完成した基板には，バイパス・コンデンサが実装されていません．デジタル回路には，バイパス・コンデンサが必須ではないのでしょうか．しかし，006Pなどの電池で動作させる場合には，オシロスコープの波形を見てもわかるように，誤動作に影響するノイズが少ないと判断して，バイパス・コンデンサなしで実装してみましが，問題なく動作しています．おそらく，最近のACアダプタも品質が良いので，バイパス・コンデンサがなくとも正常に動作すると思います．

アマチュアが電子工作を楽しむ上で，重要で大切なことは，定格内で使用するためにはどのようにすればいいのか，ノイズなどで誤動作を起こしたときにどのように対処すればいいのかを知っていることだと，筆者は考えています．

写真1-1-7 QIピンを接続

すなわち，LEDをドライブする回路を使っていない理由，バイパス・コンデンサを実装していない理由を知っていて，問題が起きたときに対応できることだと思います．もちろん，再現性という意味では，定格内での使用およびバイパス・コンデンサの実装は推奨です．しかし，試行錯誤で実験してみるとおもしろい発見もあり，理解も深まります．

図1-1-20 LEDをドライブする回路

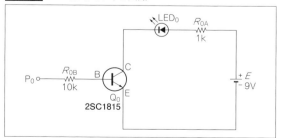

1-1 電子ルーレットを作る

1-2 電波と音に反応するイルミネーションを作る

写真1-2-1 LEDイルミネーションの電子イルミネーション・ツリー
電波と音に反応して点灯

　CirQ6号に掲載された回路をアレンジしています．音に反応するイルミネーション・ツリーではなく，電波に反応するツリー(**写真1-2-1**)を製作するため，やはりJH1FCZ 大久保氏のビジュアル電界強度計を参考にして，LEDを半固定抵抗器に変え必要な電圧を取り出しました．しかし，5Wで送信すると，当然ですがすぐにレベル10に到達してしまいます．すべて点灯では，面白みがないのでレベル8以上を，三色イルミネーションLEDとします．

　一方，コンデンサ・マイクとAFアンプICによる音センサを試していたとき，電波を出すと反応することに気がつき，ダイオードとコンデンサを追加して，音と電波に反応するイルミネーション・ツリーの完成となりました．

　特に，コンデンサ・マイクのケーブルに，ハンディ機のアンテナを近づけると激しく反応するとともに，ノイズ音も大きくなります．レベル8以上に使用した三色イルミネーションLEDは，まるで高速道路を走りながら鳴らしているクラクションが，彼方から聞こえてくるようなノイズ音となります．本来であれば，高周波ノイズが混入しないように，フェライト・ビーズやシールドなどの工夫をするのですが，今回は誤動作しなければむしろ歓迎です．

　誤動作といえば，デジタル・テスタで入力電圧を

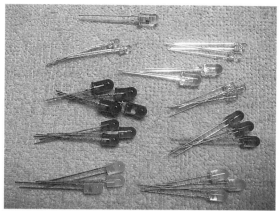

写真1-2-2 使用するLED

表1-2-1 使用するLEDの順方向電圧（P-16にて実測）

規格		色	順方向電圧（V）
φ5mm	拡散	緑	1.99
	拡散	赤	1.99
	高輝度	赤	1.71
	高輝度	青	2.84
	高輝度	三色イルミネーション（ゆっくり）	2.450〜4.467
φ3mm	高輝度	緑	1.98
	高輝度	三色イルミネーション（はやい）	2.403〜4.452

表1-2-2 使用するLEDの順方向電圧（P-16にて実測）

レベル	規格		色	個数
10	φ5mm	高輝度	三色イルミネーション（ゆっくり）	1
9	φ3mm		三色イルミネーション（はやい）	2
8	φ3mm			2
7	φ5mm		青	2
6	φ5mm		赤	4
5	φ3mm		緑	3
4	φ5mm	拡散	赤	3
3	φ5mm			3
2	φ5mm		緑	3
1				3

測定していたとき，送信すると「ピー」と音が鳴り初期化され，無限大表示「OL」になってしまいます．高周波による誤動作ですね．そこで，アナログ・テスタに変えて測定を実施しました．

LEDの選択

緑色，赤色，橙色（**写真1-2-2**）の順方向電圧は約1.8Vなので，9.0Vでは3〜4個までドライブすることができます．また，青色やイルミネーションLEDでは最大約3.2Vですので，2個まで制御できます．規格不明のLEDを扱う場合には，LEDチェッカー[注1]で順方向電圧を実測して，接続する個数を決めます．**表1-2-1**が実測結果ですが，φ5mmの拡散型緑と赤は，ほぼ2Vあり4個は難しい感じがします．実際に直列に接続して点灯させると，光ってはいますが暗くなってしまいます．一方，高輝度型の赤は4個点灯させても十分光り輝いています．**表1-2-2**が，実測して検討したレベルと使用するLEDです．

回路について

図1-2-1が，CirQ6号に掲載された音楽に合わせて光る回路図です．電波にも反応するようにアレンジして製作します．

図1-2-2が，音と電波に反応する電子イルミネーション・ツリーの回路です．LM3915の信号入力（5番ピン）にダイオードとコンデンサを追加しています．また，反応を速くするために，電解コンデンサ（C_5）を22μFから3.3μFに変更しています．そのほ

図1-2-1 CirQ6号に掲載された音楽に合わせて光る回路

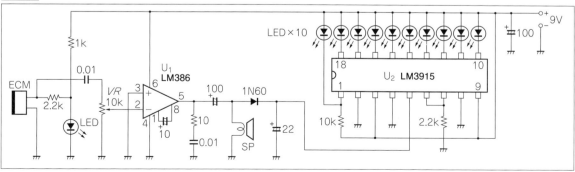

注1：3章 3-5で製作している．

図1-2-2 電子イルミネーション・ツリーの回路

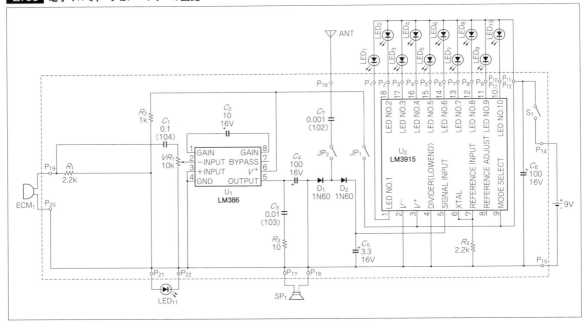

　かの回路については，CirQ6号の解説を見ていただくことにして，ここからは製作手順について解説したいと思います．
　製作は，ツリー部分の骨組みと，その骨組みに取り付けるLEDの実装方法，LEDを駆動する電子回路とセンサに分けて進めていきます．使用部品は**表1-2-3**(p.24)を参照してください．

ツリーの骨組みを製作

1 写真はツリーの骨組みを製作する部品．RCAジャック，圧着端子(2-6)4個，φ2mm真ちゅう棒140mmを4本，180mmが1本必要．図はツリーの構造を示したもの

ツリー部分の構造

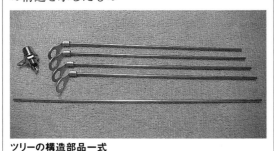

ツリーの構造部品一式

2 圧着端子(2-6)4個，φ2mm真ちゅう棒140mmを4本準備する

圧着端子と真ちゅう棒

1章　LED工作の基礎

3 圧着端子と真ちゅう棒を圧着する．圧着工具がない場合には，はんだ付けする

真ちゅう棒に圧着したところ

4 圧着端子を万力に挟み約30度に曲げる．4本とも同じように加工する

曲げ加工の終わった真ちゅう棒

万力を利用して圧着端子部分に角度をつける

5 次に，RCAジャックとφ2mm真ちゅう棒180mmをはんだ付けする．深く真ちゅう棒を差し込むと，ツリー先頭に付けるLED用のRCAプラグが入らなくなるので注意．必ず，RCAプラグを差し込み，真ちゅう棒の位置を確認してからはんだ付けする

RCAジャックに真ちゅう棒をはんだ付け

6 RCAプラグに，加工した真ちゅう棒を取り付ける．また，RCAジャックのGND端子にQIピン・ケーブルをはんだ付けし，ネジ止めする

RCAプラグに加工した真ちゅう棒を取り付ける▲

7 鉢（バケツ）の加工は，底にφ3mmの穴をあける．アルミと異なりブリキなので，エッジで指を切らないように注意

バケツの底に穴をあける

8 バケツの底にスペーサを取り付ける

バケツとスペーサを用意　バケツの底に空けた穴にスペーサを取り付ける

9 スペーサにツリーを差し込み，ツリーの構造体は完成

バケツに取り付けたスペーサにツリーの構造体を取り付けて完成

1-2　電波と音に反応するイルミネーションを作る　**21**

LEDの取り付け

1 LEDのアノード側リードを,写真のように加工する.ラジオ・ペンチで,リードを直角に曲げてから,真ちゅう棒に巻きつけると簡単にできる

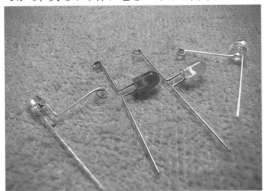

LEDリードの加工

2 写真のように,LEDのカソードとアノードをはんだ付けし,熱収縮チューブで保護しておく.各LEDの順方向電圧により決めた個数ぶんをつないでおく.最後のカソードには,QIピン・ケーブルをはんだ付けし,やはり熱収縮チューブで保護する.また,電子ルーレットと同じように,ケーブル色とカラー・コードを対応付けしておくとよいだろう

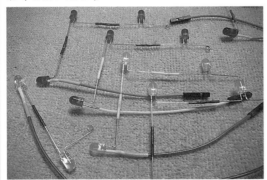

LEDとLEDをつなぐ.ケーブル色をカラー・コードに合わせるとわかりやすい

3 レベル9と8のLEDを写真のように真ちゅう棒にはんだ付けする.圧着端子から約10mm離した位置に加工したアノードをはんだ付けし,隣の真ちゅう棒にも同じようにはんだ付け.レベル9と8のLEDは,各々2個あるので,ツリーの四面に適当な角度をつけて取り付ける.ツリーの幹(主軸)には,レベル10のカソードを接続するので,LEDのリードが接触しないようにしておく.同様に,ほかのレベルのLEDをはんだ付けしていく

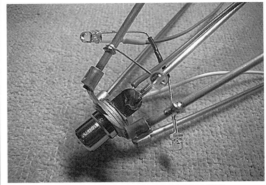

LEDとツリーをはんだ付け.レベル9と8部分に相当

4 レベル10のLEDを,RCAジャック内に実装.通常と異なり,RCAジャックのGNDがLEDのアノード側になるので,注意すること.写真にあるLEDのリードは,RCAジャックのGNDに接続するために,アノードを短く切断している

LEDをRCAジャックにはんだ付け

レベル10のLEDが完成

5 RCAジャックを先端に取り付けて，イルミネーション・ツリーが完成．写真のように，レベル1～4までは，真ちゅう棒の中央付近にはんだ付けし，斜めに下ろしながら角度をつけている．各LEDの取り付けは，各自の好みで工夫のこと

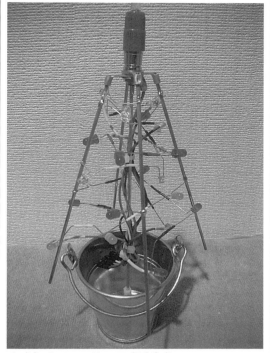

イルミネーション・ツリーLED部分完成

LED駆動部分とセンサ部分の製作

　ドット/バー・ディスプレイ・ドライバICによるLED駆動部分と，電波と音に反応するセンサ部分を製作します．ケースが木製の鉢や樽であればいいのですが，ブリキ製のバケツを利用していますので，はんだ面が接触しないように注意する必要があります．

　使用するケースにより，基板に絶縁シートを貼るなどの対応をしてください．

　基板は，片面2.54mmピッチの万能基板（44×62mm）を使用します．

　詳細は**図1-2-3**を参照してください．基板の配線はコンデンサと抵抗器の切断したリード線を利用して配線します．基板からはヘッダ・ピンとQIピ

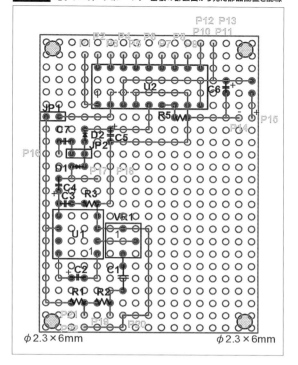

図1-2-3 電子イルミネーション・ツリー基板の部品面から見た部品配置と配線

ン・ケーブルで接続していますが，マイクやスピーカ，006Pスナップなどは，直接基板にはんだ付けしてもかまいません．

　実装の終わった基板が**写真1-2-3**，**写真1-2-4**，完成した基板が**写真1-2-5**です．

ケースへの部品取り付け

　各LEDのQIピン・ケーブルのカラー・コードとLM3915のピン・アサインを確認しながら，ピン・ヘッダへ固定していきます．電子ルーレットと異なり，左から順番に並んでいますので簡単だと思います．また，右側のピン・ヘッダ（J_{11}）が，＋電源となります．アンテナ端子（J_{16}）は，レベル10のピン・ヘッダ（J_{12}）に接続します．

　後は，006Pと基板をバケツに入れ，スペーサにツリーの幹を差し込むだけです．基板を入れるときに，バケツとはんだ面が接触しないように注意してください．使用したバケツと基板の大きさから，基板を入れてしまえば，はんだ面が接触することはありませんでした．しかし，組み込むときには

表1-2-3 LEDイルミネーション・ツリーに使用した部品

部品種類	部品番号	部品名称	仕様・型番			数量
IC	U1	オーディオ・パワーアンプ	LM386N	相当品		1
		ICソケット	8P			1
	U2	ドット/バー・ディスプレイ・ドライバ	LM3915			1
		ICソケット	18P			1
ダイオード	D1, D2	ゲルマニウム または ショットキー・バリア	1N60, 1N34A または 1SS106, 1SS108			2
	LED2～LED11	LED	ϕ5mm または ϕ3mm	色, 拡散, 高輝度, 点滅, 三色イルミネーションは好みで		10
コンデンサ	C1	フィルム	50V	0.1μF(104)		1
	C2	電解	16V	10μF		1
	C3	セラミック	50V	0.01μF(103)		1
	C4, C6	電解	16V	100μF		2
	C5			3.3μF		1
	C7	セラミック	50V	0.001μF(102)		1
抵抗器	R1, R4	カーボン皮膜	1/4W	2.2kΩ		2
	R2			1kΩ		1
	R3			10Ω		1
	VR1	半固定	B	10kΩ		1
スイッチ	SW1	トグル・スイッチ	小型基板用	2Pまたは3P	ON-OFFまたはON-ON	1
ピン・ヘッダ	P1～P11	角ピン・シングル・ライン	11P	2.54mm		1
		QIピン・ケーブル	11P		LED接続用	1
	P12～P15, P17～P22	角ピン・シングル・ライン	2P	2.54mm		6
		QIピン	2P		マイク, スピーカ, 電源接続用	3
	P16	角ピン・シングル・ライン	1P			1
		QIピン・ケーブル	1P		アンテナ接続用	1
	JP1, JP2	角ピン・シングル・ライン	2P			2
		ジャンパ・ピン	2P			2
006P用スナップ						1
スピーカ	SP1		ϕ20mm	8Ω0.1W		1
マイク	ECM1	コンデンサ・マイク	CM-102R	相当品	リード付きϕ10mm2P	1
基板			44×62mm			1
ケース		バケツ				1
棒		真ちゅう棒	140mm			4
			180mm		支柱	1
端子		圧着端子	2--6			4
RCA		ジャック				1
		プラグ				1
ネジ		プラスチック・ネジ	なべ	M3	8mm	1
スペーサ		樹脂スペーサ		M3	30mm	1
モール			緑, 銀		約2m	2
線材		ビニル線	赤/白または赤/黒		約30cm	1
		熱収縮チューブ			少々	1

接触する可能性がありますので，紙製カードを当てながら実装しています．

調整方法

音に反応するセンサから調整します．半固定抵抗器を中央付近に設定し，ラジオなどにマイクを近づけ，LEDの反応を適切な感度にしてください．電波に反応するセンサの調整は，ハンディ機から送信して，LEDの反応を見てください．筆者の環境では，ツリーとID-31(430MHz, 5W)間が，約50cm

写真1-2-3 基板部品面

写真1-2-4 基板配線面

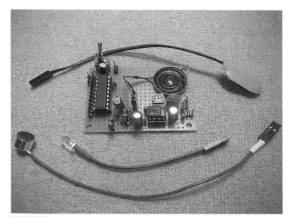

写真1-2-5 完成した基板

写真1-2-6 完成したLEDイルミネーション・ツリー

でレベル4，約20cmだとレベル10となります．感度が良くない場合には，アンテナ端子(J_{16})を，レベル10のピン・ヘッダ(J_{12})からはずし，別途ビニル線に接続してください．また，適切な感度になる長さに，ビニル線を調整してみてください．

　今後の課題として，バケツの中にあるスピーカが，無指向性のコンデンサ・マイクの向きによりハウリングし，「ピー」や「キーン」という音を発生します．コンデンサ・マイクにカバーを付けて指向性を持つようにするか，スピーカを抵抗器に変更して音が出ないようにするのもいいかもしれません．また，さらに電波への反応を良くするために，当初の設計どおり，ビジュアル電界強度計を実装してみたいと考えています．

　調整が完了したら，お気に入りのモールを巻きつけて完成です（**写真1-2-6**）．モールはクリスマス用に緑色と，雪をイメージして銀色にしてみましたが，皆さんのお好みで飾り付けをしてください．

Column　LED検波無電源ラジオ

　鉱石ラジオやゲルマニウム・ダイオード・ラジオを知っていますか．電池のいらない無電源ラジオなのです．コイル，バリコン，コンデンサとイヤホンだけで，しかも電池も必要なくAMラジオ放送を聞くことができます．また，**写真 1-2-A** は，筆者が二十数年前に製作した，バリコンがなくコイルの中身が動くミュー同調型のゲルマニウム・ダイオード・ラジオです．いずれも，コイルとバリコンにより発生した誘起電力（電圧×電流）を，ダイオードで検波してイヤホンで聞くラジオの基本となるものです．

　それならば，LEDもダイオードですから検波できるのではないでしょうか．答えは，もちろんできます．しかし，ダイオードには，電流を流すために必要な順方向電圧があります．順方向電圧とは，ダイオードが電流を流すために必要な電圧であり，LEDが輝くために必要な電圧なのです．

　例えば，ゲルマニウム・ダイオードやショットキー・バリア・ダイオードの順方向電圧は約0.3Vです．シリコン・ダイオードは約0.6V，LEDは赤色でも約1.8V，青色だと約3.2Vとなります．すなわち，コイルとバリコンによりその電圧を発生させなければ，ダイオードは動作しないのです．そのためよく使われるのは，バイアスをかけて順方向電圧ぶんを加えてしまう

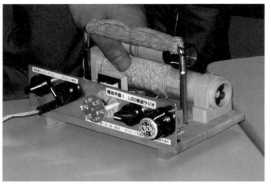

写真1-2-B 中波放送電波でLEDが点灯し，なおかつ放送も受信できる無電源ラジオ

方法です．ダイオードが，順方向電流を流す準備をしてしまうわけです．しかし，そのための電池が必要になりますね．また，光を発するLEDですが，逆に光を当てると1〜1.5Vくらいの電圧を発生します．試しに，テスターを直流電圧レンジにして，アノードにテスト棒赤（プラス），カソードに黒（マイナス）を接続し，ペンライトなどで光を当ててみてください．この電圧をバイアスに利用して，LEDに太陽光やペン・ライトの光を当てたときに，無電源ラジオになるものもあります．

　しかし，これからご紹介するのは，選局するとLEDが点灯しイヤホンから聞こえる「LED検波無電源ラジオ」です．回路はゲルマニウム・ダイオードをLEDに替え，コイルは誘起電圧を得るためにフェライト・バー5本を使っています．そして，重要なことは電波の強さです．電波のホットスポット（急に電波が強まる場所）を見つけると**写真1-2-B**のように，LEDが輝きラジオを聞くことができます．

　皆さんも電波ホットスポットを探して，LED検波ラジオを試してみませんか．詳しくは下記サイトをご覧ください．

● 全国・電波ホットスポット探検隊
http://mizuho-lab.com/hotspot/nakano_hotspot.html
● 全国・電波ホットスポットを探せ
http://8208.teacup.com/jh1ymc/bbs/t6/l50?

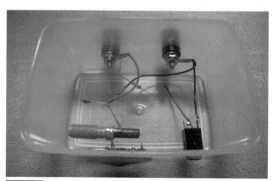

写真1-2-A 筆者が20年前に作った無電源のゲルマニウム・ダイオード・ラジオ

2章
マイコンでLEDを光らせよう

1章では電子部品の働きでLEDの点滅や順次点灯を作り出しましたが，現代ではもっと簡単にカッコよく工作することができます．それがマイコンを使ったLED工作です．ここでは，代表的なマイコンPICとArduinoを使ってLEDに多彩な動作を加えます．

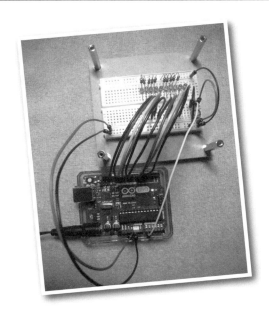

2-1　PICで作る電子ルーレット
2-2　Arduino UNOで作る電子ルーレット
2-3　Arduino UNOで作るツリー型イルミネーション

※2章で扱うPICとArduinoのプログラムは筆者のホームページからダウンロードできます．
ホームページ　http://home.a02.itscom.net/rhd/jg1ccl/

PICで作る電子ルーレット

写真2-1-1 PICで作る電子ルーレット

図2-1-1 mikroC PRO for PIC

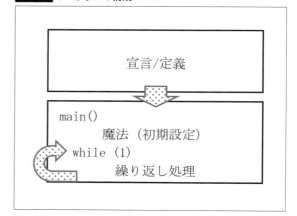

図2-1-2 プログラムの構成

それでは，PICを使って1章で取り上げた電子ルーレットを製作してみます．使用したPICは，18ピンのPIC16F1827で，定番であるPIC16F88の後継にあたります．nanoWatt XLP(eXtreme Low Power)テクノロジによる超低消費電力やCコンパイラに最適化されたF1エンハンストミッドレンジアーキテクチャとなり，ピン互換ですが中身は大きく変わっています．

開発環境

PICのプログラミングは，図2-1-1のmikroC PRO for PICを使用して開発しています．mikroC PROは，mikroElektronika社のC言語で開発することができる統合開発環境(Integrated Development Environment)の一つです(詳しくは，p.47で説明)．

まず，プログラムは図2-1-2のように，大きく二つの部分から構成されています．全体で使用する変数などの「宣言/定義」部分と，処理を実行する部分「(main関数)」となります．また，処理を実行する部分は，最初に一度だけ実行する魔法(初期設定)部分と，繰り返し処理を実行する部分となります．

初期設定を魔法と表現しているのは，PICを動かすには「呪文」が必要となるためです．その「呪文」とは，コンフィグレーション・ビットと各種レジスタの設定です．これらは，各種PICにより異なるため，データシートを確認しながら設定することになります．

そして，PIC16F1827の入出力ピンは，16個あります．しかし，デジタルIN/OUTピンが15個，デジタルINが1個，アナログINが7個，外部クロック用ピン，USARTやSPI/I2Cの通信用ピンなどが兼用となっています．これらのピンの設定が魔法(初期設定)で，制御が繰り返し処理です．

表2-1-1　使用部品一覧

型番	部品番号	部品名称	仕様・型番				数量
マイコン	U1	PIC	16F1827				1
ダイオード	LED_0〜LED_9	LED		φ5mmまたはφ3mm			10
コンデンサ	C_1, C_2	積層セラミック	50V	0.1μF(104)			2
抵抗器	R_1	カーボン皮膜	16F1827	1kΩ			1
	R_2			10kΩ			1
スイッチ	S_1	タクト	小型	2P	モーメンタリ(押している間だけON)		1
ブレッドボード							1
線材		ジャンパ線	各色				15
電源	E		5V				1

表2-1-2　ピン設定

ピン	接続先	IN	IN/OUT	I/O	A/D	Cap Sense	Reference Timers EUSART	Comparator Basic Interrupt	SRLatch	CCP	MSSP	Modulator
1	LED_8		OUT	RA2	AN2	CPS2	V_{REF}-DACOUT	C12IN2-C12IN+				
2				RA3	AN3	CPS3	V_{REF}+	C12IN3-C1IN+ C1OUT	SRQ	CCP3		
3	LED_9		OUT	RA4	AN4	CPS4	T0CKI	C2OUT	SRNQ	CCP4		
4	SW1	IN		RA5				MCLR V_{PP}			SS1	
5	GND						V_{SS}					
6	LED_0		OUT	RB0			T1G	INT IOC	SRI	CCP1 P1A FLT0		
7	LED_1		OUT	RB1	AN11	CPS11	RX DT	IOC			SDA1 SDI1	
8	LED_2		OUT	RB2	AN10	CPS10	RX DT TX CK	IOC			SDA2 SDI2 SDO1	MDMIN
9	LED_3		OUT	RB3	AN9	CPS9		IOC		CCP1 P1A		MDOUT
10	LED_4		OUT	RB4	AN8	CPS8		IOC			SCL1 SCK1	MDCIN2
11	LED_5		OUT	RB5	AN7	CPS7	TX CK	IOC		P1B	SCL2 SCK2 SS1	
12	LED_6		OUT	RB6	AN5	CPS5	T1CKI T1OSI	ICSPCLK IOC		P1C CCP2 P2A		
13	LED_7		OUT	RB7	AN6	CPS6	T1OSO	ICSPDAT IOC		P1D P2B		MDCIN1
14	5V						V_{DD}					
15				RA6			OSC2 CLKOUT CLKR			P1D P2B	SDO1	
16				RA7			OSC1 CLKIN			P1C CCP2 P2A		
17				RA0	AN0	CPS0		C12IN0-			SDO2	
18				RA1	AN1	CPS1		C12IN1-			SS2	

網掛け部分が使用するピンとなる

ブレッドボードに実装する

プログラムで制御する各ピンに，各種電子部品を接続します．使用部品は**表2-1-1**を参照してください．

表2-1-2のように，LEDをピン1とピン3, そしてピン6〜ピン13まで, タクト・スイッチをピン4に設定します．**図2-1-3**の実体配線図と**図2-1-4**の回路図を参考に，ブレッドボードに実装していきます．

2-1　PICで作る電子ルーレット

図2-1-3 実体配線図

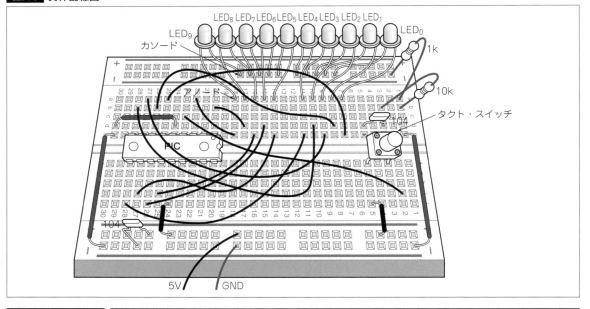

Column チャタリング除去

　チャタリング(chattering)とは，スイッチやリレーをON/OFFするときに発生する不安定な信号(可動接点のON/OFFが細かく繰り返される機械的振動現象)で，電子機器が誤動作する原因にもなります．しかし，スイッチ入力回路に，プルダウン抵抗器とコンデンサを追加することで，簡単にチャタリングを除去することもできます．コンデンサとプルダウン抵抗器がCR積分回路を構成し，HighからLowへの電圧変化速度が遅くなるため，スイッチ接点が高速に振動してもポートの入力電圧の変化は小さくなります．プルアップしたときにも同様です．

　CR回路の時定数は，チャタリング時間の$1/10$～$1/100$くらいを目安にします．**図2-1-4**の回路では，時定数 $CR = 0.1\,[\mu F] \times 10\,[k\Omega] = 1\,[ms]$ となります．また，mikuroC PROでは，Button関数の3番目の引数にチャタリング吸収時間[ms]があります．**リスト2-1-1**～**リスト2-1-3**では，Button(&PORTA, 5, 4-1)ですから，1msを設定しています．

Column コンフィグレーション・ビット

　コンフィグレーション・ビットは，プログラム実行中には読み書きができないメモリ領域にあり，基本的な動作状態の設定やプロテクトをかける場合に使用するビットです．

　設定方法は，開発環境により異なりますが，mikroC PRO for PICでは，[Edit Project]からドロップダウン・リストで，設定することができます．

　また，PIC16F1827の既定値では，ピン4はMCLRですので，RA5として使用するために，[MCLR Pin Function Select]を[Disabled]にする必要があります．

図2-1-4 回路

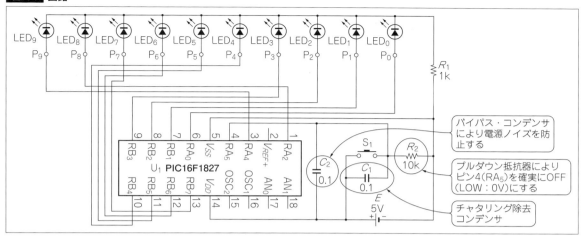

スイッチを押したときに点灯

最初に，Arduino UNOと同じように，スイッチを押したときにLED$_0$を点灯するプログラムを考えてみます．

図2-1-5をご覧ください．宣言/定義部分では，メイン関数と入出力ポート初期化関数を宣言し，入力と出力のモードを定義します．また，表2-1-1のピン設定を見ると，使用するLED$_0$はピン6(ポートBビット0)に接続され，プッシュ・スイッチであるタクト・スイッチは，ピン4(ポートAビット5)に接続されています．さらに，LED点灯と消灯のマクロを定義しておきます．

初期設定部分では，クロックを8MHzに，すべてのピンをデジタルI/Oとします．また，入出力ポートを初期化関数により，LED$_0$を出力，プッシュ・スイッチを入力に設定します．

繰り返し処理部分は，プッシュ・スイッチの状態を読み，スイッチを押したときは，すなわちONですからHigh(5V)のときには，LED$_0$を点灯します．また，それ以外のときには，消灯します．図2-1-5の構成をプログラムとしたのがリスト2-1-1です．

4-2で扱うArduino UNOと異なり，main関数内にwhile文を使って永久ループを記述しています．また，初期化は，使用するモジュールごとに，初期化関数を作成するとわかりやすいのでお勧めします．

図2-1-5 スイッチを押したときに点灯

```
宣言
  (メイン関数)
  (入出力ポート初期化関数)
定義
  (入力モード)
  (出力モード)
LED0 はポート B ビット 0 に接続する
スイッチはポート A ビット 5 に接続する

main()
魔法 (初期設定)
  クロックを 8MHz に設定する
  デジタル I/O を設定する
  入出力ポートを初期化する : init_port()
  while (1)
    スイッチを押したときには、LED0 を点灯する
    それ以外のときには、LED0 を消灯する

init_port()
LED0 を出力に設定する
スイッチを入力に設定する
```

スイッチを押している間は順次点滅させる

次に，スイッチを押している間は，LED$_0$〜LED$_9$までが，順番に消灯し点灯するプログラムを考えます．前項と異なる部分を解説します．

宣言/定義部分では，LEDnを点灯とLEDnを消灯する関数を宣言します．また，使用するLEDが

2-1 PICで作る電子ルーレット

リスト2-1-1 スイッチを押したときに点灯

```c
    // 宣言
    extern void main();                     // メイン関数
    extern void init_port();                // 入出力ポート初期化関数

    // 定義
    #define INPUT_MODE   1                  // 入力モード
    #define OUTPUT_MODE  0                  // 出力モード

    // ポート設定
    // LED0
    sbit LED0           at PORTB.B0;        // LED0はポートBビット0に接続する
    sbit LED0_Direction at TRISB.B0;        // Direction
    #define LED0_ON  LED0 = 1               // LED0を点灯する
    #define LED0_OFF LED0 = 0               // LED0を消灯する

    // スイッチ
    sbit SW             at PORTA.B5;        // スイッチはポートAビット5に接続する
    sbit SW_Direction   at TRISA.B5;        // Direction
    #define SW_ON  Button(&PORTA, 5, 1, 1)  // スイッチがON
    #define SW_OFF Button(&PORTA, 5, 1, 0)  // スイッチがOFF

    // メイン関数
    void main()
    {
    /* 魔法開始 */
        // 初期設定 16F1827 & 16F1847
        // OSCCON: OSCILLATOR CONTROL REGISTER
        // クロックを8MHzに設定する
        OSCCON = 0b01110000;

        // ANSELA: PORTA ANALOG SELECT REGISTER
        // デジタルI/Oを設定する
        ANSELA = 0b0000000;

        // ANSELB: PORTB ANALOG SELECT REGISTER
        // デジタルI/Oを設定する
        ANSELB = 0b00000000;

        init_port();                        // 入出力ポートを初期化する
    /* 魔法終了 */

        // 繰り返し処理
        while (1) {
            // スイッチを押したときには、
            if (SW_ON) {
                LED0_ON;                    // LED0を点灯する
```

```c
            // それ以外のときには、
        } else {
            LED0_OFF;                       // LED0を消灯する
        }
    }
}

// 入出力ポートを初期化する
void init_port()
{
    LED0_Direction = OUTPUT_MODE;           // LED0を出力に設定する
    SW_Direction   = INPUT_MODE;            // スイッチを入力に設定する
}
// End
```

LED_0〜LED_9までの10個になります．ピン6(ポートBビット0)〜13(ポートBビット7)までと，ピン1(ポートAビット2)，ピン3(ポートAビット4)が接続されています．

main関数内で使用する変数LEDnを定義し，LED_0にします．

初期設定部分は，LED_0〜LED_9までを出力に設定し，消灯させます．繰り返し処理部分は，スイッチを押している間は，LED_0〜LED_9までが順番に消灯し点灯する動作，すなわち点灯して終了する流れにします．そのためには，プッシュ・スイッチの状態を読み，スイッチを押したときは，すなわちONですからHigh(5V)のときには，LEDnを0.1秒消灯します．

Column 割り込み

割り込み処理とは，通常処理の実行を強制的に中断し，別の処理を割り込ませます．そして，割り込ませた処理が終了後は，元の通常処理をそのまま続行します．まさに，名前のごとく，割り込む処理のことです．よく使われる割り込み処理が，タイマ割り込みです．設定した時間が経過すると割り込みし，設定した処理を実行します．

例えば，内部クロック(8MHz)を使用した場合は2〔MHz〕=8〔MHz〕/4ですから，0.5〔μs〕=1〔s〕/2〔MHz〕が，カウンタへの入力となります．また，プリスケーラを使用し，分周レートを$1/2$に設定していますので，256〔μs〕=0.5〔μs〕×2×256〔カウント〕ごとに割り込み処理を実行します．すなわち，256μsのインターバル・タイマです．

図2-1-6 プログラムの構成

```
宣言
  (メイン関数)
  (入出力ポート初期化関数)
  (LEDn を点灯関数)
  (LEDn を消灯関数)
定義
  (入力モード)
  (出力モード)
  LED0 はポート B ビット 0 に接続する
        ・・・
  LED9 はポート A ビット 4 に接続する
  スイッチはポート A ビット 5 に接続する
```

```
main()
LED0 にする
魔法 (初期設定)
  クロックを 8MHz に設定する
  デジタル I/O を設定する
  入出力ポートを初期化する : init_port()
while (1)
  スイッチを押したときには、
    LEDn を消灯する : led_off(led)
    0.1 秒待つ
    次の LEDn にする
    LED9 を越えたときには、
      LED0 にする
    LEDn を点灯する : led_on(led)
    0.1 秒待つ
```

```
init_port()
LED0 を出力に設定する
LED0 を消灯する
      ・・・
LED9 を出力に設定する
LED9 を消灯する
スイッチを入力に設定する
```

```
led_on(led)
LED が、
  LED0 のときには、
    LED0 を点灯する
       ・・・
  LED9 のときには、
    LED9 を点灯する
```

```
led_off(led)
LED が、
  LED0 のときには、
    LED0 を消灯する
       ・・・
  LED9 のときには、
    LED9 を消灯する
```

次のLEDnを選択し，LED$_9$を越えたときにはLED$_0$に戻します．そして，LEDnを0.1秒点灯します．この0.1秒待つDelay_ms関数には，とても重要な意味があります．Delay_ms関数なしで試してみると，処理が速過ぎて目で確認できないことがわかります．

また，LEDnを点灯する関数led_on(led)とLEDnを消灯する関数led_off(led)が，とても重要です．Arduino UNOのときと異なり，LEDが8個を超える場合に，LED番号(LEDn)とポート番号の関連が連続して配置できないため，対応する仕組みが必要となるのです．具体的には，LED$_0$～LED$_7$までは，ポートBがビット0～ビット7なので連続しています．しかし，LED$_8$とLED$_9$は，ポートAがビット2とビット7で連続していません．そこで，点灯と消灯の関数を作成し，switch文により対応付けを行います．点灯と消灯のマクロが，LED番号(LEDn)で異なるためswitch文で分岐するのは，いい方法だと思います．

図2-1-6がプログラムの構成で，**リスト2-1-2**がプログラムです．

スイッチを離すと少しだけ進み停止

最後は，スイッチを離したときに，少しだけ順番に消灯し点灯するプログラムを考えます．まず，「スイッチを離したとき」とは，スイッチを押して離す操作ですので，直前にスイッチが押されていなければなりません．すなわち，スイッチが押されたという情報が必要となります．

また，「少しだけ順番に消灯し点灯する」とは，数回繰り返すことですのでfor文を利用します．そ

Column switch 文

switch 文は，if 文を複数羅列した動作になります．
・・のときには・・する
・・・　　　→ switch 文
・・のときには・・する

リスト2-1-2 スイッチを押している間は順次点滅させるプログラム

```c
// 宣言
extern void main();                    // メイン関数
extern void init_port();               // 入出力ポート初期化関数
extern void led_on(int led);           // LEDnを点灯関数
extern void led_off(int led);          // LEDnを消灯関数

// 定義
#define INPUT_MODE  1                  // 入力モード
#define OUTPUT_MODE 0                  // 出力モード

// ポート設定
// LED0
sbit LED0            at PORTB.B0;      // LED0はポートBビット0に接続する
sbit LED0_Direction at TRISB.B0;       // Direction
#define LED0_ON  LED0 = 1              // LED0を点灯する
#define LED0_OFF LED0 = 0              // LED0を消灯する
// LED1
sbit LED1            at PORTB.B1;      // LED1はポートBビット1に接続する
sbit LED1_Direction at TRISB.B1;       // Direction
#define LED1_ON  LED1 = 1              // LED1を点灯する
#define LED1_OFF LED1 = 0              // LED1を消灯する
// LED2
sbit LED2            at PORTB.B2;      // LED2はポートBビット2に接続する
sbit LED2_Direction at TRISB.B2;       // Direction
#define LED2_ON  LED2 = 1              // LED2を点灯する
#define LED2_OFF LED2 = 0              // LED2を消灯する
// LED3
sbit LED3            at PORTB.B3;      // LED3はポートBビット3に接続する
sbit LED3_Direction at TRISB.B3;       // Direction
#define LED3_ON  LED3 = 1              // LED3を点灯する
#define LED3_OFF LED3 = 0              // LED3を消灯する
// LED4
sbit LED4            at PORTB.B4;      // LED4はポートBビット4に接続する
sbit LED4_Direction at TRISB.B4;       // Direction
#define LED4_ON  LED4 = 1              // LED4を点灯する
#define LED4_OFF LED4 = 0              // LED4を消灯する
// LED5
sbit LED5            at PORTB.B5;      // LED5はポートBビット5に接続する
sbit LED5_Direction at TRISB.B5;       // Direction
#define LED5_ON  LED5 = 1              // LED5を点灯する
#define LED5_OFF LED5 = 0              // LED5を消灯する
// LED6
sbit LED6            at PORTB.B6;      // LED6はポートBビット6に接続する
sbit LED6_Direction at TRISB.B6;       // Direction
#define LED6_ON  LED6 = 1              // LED6を点灯する
#define LED6_OFF LED6 = 0              // LED6を消灯する
```

リスト2-1-2 スイッチを押している間は順次点滅させるプログラム（つづき）

```c
    sbit LED8            at PORTA.B2;       // LED8はポートAビット2に接続する
    sbit LED8_Direction  at TRISA.B2;       // Direction
    #define LED8_ON   LED8 = 1              // LED8を点灯する
    #define LED8_OFF  LED8 = 0              // LED8を消灯する
    // LED9
    sbit LED9            at PORTA.B4;       // LED9はポートAビット4に接続する
    sbit LED9_Direction  at TRISA.B4;       // Direction
    #define LED9_ON   LED9 = 1              // LED9を点灯する
    #define LED9_OFF  LED9 = 0              // LED9を消灯する

    // スイッチ
    sbit SW              at PORTA.B5;       // スイッチはポートAビット5に接続する
    sbit SW_Direction    at TRISA.B5;       // Direction
    #define SW_ON     Button(&PORTA, 5, 1, 1)  // スイッチがON
    #define SW_OFF    Button(&PORTA, 5, 1, 0)  // スイッチがOFF

    // メイン関数
    void main()
    {
        // 定義
        // 変数
        int led = 0;                        // LEDn：LED0にする

    /* 魔法開始 */
        // 初期設定 16F1827 & 16F1847
        // OSCCON: OSCILLATOR CONTROL REGISTER
        // クロックを8MHzに設定する
        OSCCON = 0b01110000;

        // ANSELA: PORTA ANALOG SELECT REGISTER
        // デジタルI/Oを設定する
        ANSELA = 0b0000000;

        // ANSELB: PORTB ANALOG SELECT REGISTER
        // デジタルI/Oを設定する
        ANSELB = 0b00000000;

        init_port();                        // 入出力ポートを初期化する
    /* 魔法終了 */

        // 繰り返し処理
        while (1) {
            // スイッチを押したときには、
            if (SW_ON) {
                led_off(led);               // LEDnを消灯する
                Delay_ms(100);              // 0.1秒待つ

                led++;                      // 次のLEDnにする
                                            // LED9を越えたときには、
```

```c
            if (led > 9) {
                led = 0;  // LED0にする
            }

            led_on(led); // LEDnを点灯する
            Delay_ms(100);                        // 0.1秒待つ
        }
    }
}

// 入出力ポートを初期化する
void init_port()
{
    LED0_Direction = OUTPUT_MODE;       // LED0を出力に設定する
    LED0_OFF;                           // LED0を消灯する
    LED1_Direction = OUTPUT_MODE;       // LED1を出力に設定する
    LED1_OFF;                           // LED1を消灯する
    LED2_Direction = OUTPUT_MODE;       // LED2を出力に設定する
    LED2_OFF;                           // LED2を消灯する
    LED3_Direction = OUTPUT_MODE;       // LED3を出力に設定する
    LED3_OFF;                           // LED3を消灯する
    LED4_Direction = OUTPUT_MODE;       // LED4を出力に設定する
    LED4_OFF;                           // LED4を消灯する
    LED5_Direction = OUTPUT_MODE;       // LED5を出力に設定する
    LED5_OFF;                           // LED5を消灯する
    LED6_Direction = OUTPUT_MODE;       // LED6を出力に設定する
    LED6_OFF;                           // LED6を消灯する
    LED7_Direction = OUTPUT_MODE;       // LED7を出力に設定する
    LED7_OFF;                           // LED7を消灯する
    LED8_Direction = OUTPUT_MODE;       // LED8を出力に設定する
    LED8_OFF;                           // LED8を消灯する
    LED9_Direction = OUTPUT_MODE;       // LED9を出力に設定する
    LED9_OFF;                           // LED9を消灯する

    SW_Direction  = INPUT_MODE;         // スイッチを入力に設定する
}

// LEDnを点灯する
// 入力：LEDn
void led_on(int led)
{
    // LEDが、
    switch (led) {
        // LED0のときには、
        case 0:
            LED0_ON; // LED0を点灯する
            break;
        // LED1のときには、
        case 1:
```

リスト2-1-2 スイッチを押している間は順次点滅させるプログラム（つづき）

```c
            LED1_ON;            // LED1を点灯する
            break;
        // LED2のときには、
        case 2:
            LED2_ON;            // LED2を点灯する
            break;
        // LED3のときには、
        case 3:
            LED3_ON;            // LED3を消灯する
            break;
        // LED4のときには、
        case 4:
            LED4_ON;            // LED4を点灯する
            break;
        // LED5のときには、
        case 5:
            LED5_ON;            // LED5を点灯する
            break;
        // LED6のときには、
        case 6:
            LED6_ON;            // LED6を点灯する
            break;
        // LED7のときには、
        case 7:
            LED7_ON;            // LED7を点灯する
            break;
        // LED8のときには、
        case 8:
            LED8_ON;            // LED8を点灯する
            break;
        // LED9のときには、
        case 9:
            LED9_ON;            // LED9を点灯する
            break;
    }
}

//  LEDnを消灯する
//  入力：LEDn
void led_off(int led)
{
    // LEDが、
    switch (led) {
        // LED0のときには、
        case 0:
            LED0_OFF;           // LED0を消灯する
            break;
        // LED1のときには、
        case 1:
```

```c
            LED1_OFF;            // LED1を消灯する
            break;
        // LED2のときには、
        case 2:
            LED2_OFF;            // LED2を消灯する
            break;
        // LED3のときには、
        case 3:
            LED3_OFF;            // LED3を消灯する
            break;
        // LED4のときには、
        case 4:
            LED4_OFF;            // LED4を消灯する
            break;
        // LED5のときには、
        case 5:
            LED5_OFF;            // LED5を消灯する
            break;
        // LED6のときには、
        case 6:
            LED6_OFF;            // LED6を消灯する
            break;
        // LED7のときには、
        case 7:
            LED7_OFF;            // LED7を消灯する
            break;
        // LED8のときには、
        case 8:
            LED8_OFF;            // LED8を消灯する
            break;
        // LED9のときには、
        case 9:
            LED9_OFF;            // LED9を消灯する
            break;
    }
}
// End
```

して，適当に揺らいで，少しずつゆっくりと停止するのことが理想ですから，乱数を使用します．繰り返す回数が毎回ランダムに変化するので，予測がつきにくい動きとなります．Arduino言語では，ライブラリのrandom関数に引数があり，乱数の最小値と最大値を指定することができます．しかし，標準的なC言語では，ライブラリのrand関数には，引数はありません．

それではどのように実現するのでしょうか．それは，乱数の最小値と最大値は，剰余算と加算で実現します．例えば，5～10までの乱数が必要な場合には，6の剰余と5を加算します(rand() % 6+5)．6の剰余，すなわち6で割った余りは0～5となり，5を加えると5～10となります．また，疑似乱数列を初期化するsrand関数と組み合わせて使用します．さらに，少しずつゆっくりと停止させるために，消灯と点灯の待ち時間を，繰り返す回数ごとに大きくします．0.1秒×繰り返す回数とすれば，0.1秒→0.2秒→0.3秒→…→停止となるわけです．

ここで前項との違いを確認しておきましょう．

宣言/定義部分で，タイマ初期関数，割り込み関数と乱数の発生系列種を宣言します．また，スイッチを押したフラグのON/OFFを定義しておきます．タイマ初期化関数では，TIMER0の設定をします（内部クロックを使用，プリスケーラを使用，分周レートを1/2に設定）．

割り込み関数では，TIMER0の割り込みのときには，オーバーフロー・フラグをクリアし，乱数の発生系列種をカウントアップします．割り込みが発生した時点でのタイマカウンタ(TMR$_0$)は，0に戻っています．すなわち，8ビット・カウンタでは最大255までなので，256カウントするとオーバーフローとなり，タイマカウンタ(TMR0)は0になります．そして，オーバーフロー・フラグが立ち，割り込みが発生します．

main関数内で使用するカウンタ変数を定義します．また，スイッチを押した情報（フラグ）を追加しOFF(FLAG_OFF)とします．

初期設定部分では，タイマを初期化します．また，タイマ割り込みとグローバル割り込みを許可します．そして，LED$_0$を点灯しておきます．

繰り返し処理部分では，スイッチを押したときに，スイッチを押した情報（フラグ）をFLAG_ONとします．また，乱数列はインターバル・タイマを利用して初期化します．

スイッチを離したときには，少しだけ（乱数で生成した繰り返し回数ぶん）繰り返します．また，消灯と点灯の待ち時間を，0.1秒×繰り返す回数とします．

このことにより，徐々にゆっくりとなり最後に点灯し停止します．そして，スイッチを押した情報（フラグ）をFLAG_OFFに戻します．**図2-1-7**がプログラムの構成で，**リスト2-1-3**がプログラムです．タイマの初期化設定であるプリスケーラの分周レートや，タイマカウンタ(TMR0)の初期値を変更してみてください．例えば，1msのインターバル・タイマにするには，必要なカウント数 = 1〔ms〕/ 0.5〔μs〕= 2000，使用するプリスケーラの分周レート = 2000 / 256 = 7.81 ≒ 8，タイマカウンタの初期値(TMR0) = 256 − (2000 / 8) = 6 となります．

Column　インターバル・タイマを利用

srand関数は，疑似乱数列を初期化して，乱数列の任意の点から開始します．非常に長い乱数列ですが，同一のものとなります．すなわち，同じ値で疑似乱数列を初期化すれば，同じ乱数列が発生することになります．

また，異なる乱数列により乱数を生成したい場合には，疑似乱数を初期化する値を，ランダムに変化させることが必要となります．その場合によく使われる手法が，現在時刻の値です．しかし，PICには時刻がないので，インターバル・タイマを利用しています．

図2-1-7 スイッチを離すと少しだけ進み停止する

```
宣言
  (メイン関数)
  (入出力ポート初期化関数)
  (タイマ初期化関数)
  (LEDn を点灯関数)
  (LEDn を消灯関数)
  (割り込み関数)
  (乱数の発生系列種)
定義
  (入力モード)
  (出力モード)
  スイッチを押したフラグの ON、OFF
  LED0 はポート B ビット 0 に接続する
      ・・・
  LED9 はポート A ビット 4 に接続する
  スイッチはポート A ビット 5 に接続する
  乱数の発生系列種を 0 にする
```

```
main()
  LED0 にする
  カウンタ
  スイッチを押したフラグを OFF にする
  魔法 (初期設定)
    クロックを 8MHz に設定する
    デジタル I/O を設定する
    入出力ポートを初期化する : init_port()
    タイマを初期化する : init_timer()
    割り込み許可する
      (タイマ割り込みを許可する)
      (グローバル割り込みを許可する)
  LEDn を点灯する
  while (1)
    スイッチを押したときには、
      スイッチを押したフラグを ON にする
      乱数列を初期化する
        (タイマを利用する)
      LEDn を消灯する : led_off(led)
      0.1 秒待つ
      次の LEDn にする
      LED9 を越えたときには、
        LED0 にする
      LEDn を点灯する : led_on(led)
      0.1 秒待つ
    それ以外で、ボタンを離したときには、
      少しだけ繰り返す
        LEDn を消灯する
        0.1×i 秒待つ
        次の LEDn にする
        LED9 を越えたときには、
          LED0 にする
        LEDn を点灯する
        0.1×i 秒待つ
      ボタンを押したフラグを OFF にする
```

```
init_port()
  LED0 を出力に設定する
  LED0 を消灯する
      ・・・
  LED9 を出力に設定する
  LED9 を消灯する
  スイッチを入力に設定する
```

```
init_timer()
  TIMER0 の設定をする
    (内部クロックを使用する)
    (プリスケーラを使用する)
    (分周レートを 1/2 に設定する)
```

```
Led_on(led)
  LED が、
    LED0 のときには、
      LED0 を点灯する
        ・・・
    LED9 のときには、
      LED9 を点灯する
```

```
Led_off(led)
  LED が、
    LED0 のときには、
      LED0 を消灯する
        ・・・
    LED9 のときには、
      LED9 を消灯する
```

```
interrupt()
  TIMER0 の割り込みのときには、
    オーバーフロー・フラグをクリアする
    乱数の発生系列種をカウントする
```

リスト2-1-3 スイッチを離すと少しだけ進み停止

```
// 宣言
extern void main();                                 // メイン関数
extern void init_port();                            // 入出力ポート初期化関数
extern void init_timer();                           // タイマー初期化関数
extern void led_on(int led);                        // LEDnを点灯関数
extern void led_off(int led);                       // LEDnを消灯関数
extern void interrupt();                            // 割り込み関数
extern unsigned seed;                               // 乱数の発生系列種

// 定義
#define INPUT_MODE    1                             // 入力モード
#define OUTPUT_MODE   0                             // 出力モード
#define FLAG_ON  1                                  // スイッチを押したフラグ：ON
#define FLAG_OFF 0                                  // スイッチを押したフラグ：OFF

// ポート設定
// LED0
sbit LED0              at PORTB.B0;                 // LED0はポートBビット0に接続する
sbit LED0_Direction    at TRISB.B0;                 // Direction
#define LED0_ON        LED0 = 1                     // LED0を点灯する
#define LED0_OFF       LED0 = 0                     // LED0を消灯する
// LED1
sbit LED1              at PORTB.B1;                 // LED1はポートBビット1に接続する
sbit LED1_Direction    at TRISB.B1;                 // Direction
#define LED1_ON        LED1 = 1                     // LED1を点灯する
#define LED1_OFF       LED1 = 0                     // LED1を消灯する
// LED2
sbit LED2              at PORTB.B2;                 // LED2はポートBビット2に接続する
sbit LED2_Direction    at TRISB.B2;                 // Direction
#define LED2_ON        LED2 = 1                     // LED2を点灯する
#define LED2_OFF       LED2 = 0                     // LED2を消灯する
// LED3
sbit LED3              at PORTB.B3;                 // LED3はポートBビット3に接続する
sbit LED3_Direction    at TRISB.B3;                 // Direction
#define LED3_ON        LED3 = 1                     // LED3を点灯する
#define LED3_OFF       LED3 = 0                     // LED3を消灯する
// LED4
sbit LED4              at PORTB.B4;                 // LED4はポートBビット4に接続する
sbit LED4_Direction    at TRISB.B4;                 // Direction
#define LED4_ON        LED4 = 1                     // LED4を点灯する
#define LED4_OFF       LED4 = 0                     // LED4を消灯する
// LED5
sbit LED5              at PORTB.B5;                 // LED5はポートBビット5に接続する
sbit LED5_Direction    at TRISB.B5;                 // Direction
#define LED5_ON        LED5 = 1                     // LED5を点灯する
#define LED5_OFF       LED5 = 0                     // LED5を消灯する
// LED6
sbit LED6              at PORTB.B6;                 // LED6はポートBビット6に接続する
sbit LED6_Direction    at TRISB.B6;                 // Direction
#define LED6_ON        LED6 = 1                     // LED6を点灯する
#define LED6_OFF       LED6 = 0                     // LED6を消灯する
// LED7
sbit LED7              at PORTB.B7;                 // LED7はポートBビット7に接続する
sbit LED7_Direction    at TRISB.B7;                 // Direction
#define LED7_ON        LED7 = 1                     // LED7を点灯する
```

```c
#define LED7_OFF        LED7 = 0                    // LED7を消灯する
// LED8
sbit LED8               at PORTA.B2;                // LED8はポートAビット2に接続する
sbit LED8_Direction     at TRISA.B2;                // Direction
#define LED8_ON         LED8 = 1                    // LED8を点灯する
#define LED8_OFF        LED8 = 0                    // LED8を消灯する
// LED9
sbit LED9               at PORTA.B4;                // LED9はポートAビット4に接続する
sbit LED9_Direction     at TRISA.B4;                // Direction
#define LED9_ON         LED9 = 1                    // LED9を点灯する
#define LED9_OFF        LED9 = 0                    // LED9を消灯する

// スイッチ
sbit SW                 at PORTA.B5;                // スイッチはポートAビット5に接続する
sbit SW_Direction       at TRISA.B5;                // Direction
#define SW_ON           Button(&PORTA, 5, 1, 1)     // スイッチがON
#define SW_OFF          Button(&PORTA, 5, 1, 0)     // スイッチがOFF

// 定義
// 変数
unsigned seed = 0;                                  // 乱数の発生系列種:0にする

// メイン関数
void main()
{
    // 定義
    // 変数
    int led = 0;                                    // LEDn:LED0にする
    int i;                                          // カウンタ
    int buttonFlag = FLAG_OFF;                      // スイッチを押したフラグ:OFFにする

/* 魔法開始 */
    // 初期設定 16F1827 & 16F1847
    // OSCCON: OSCILLATOR CONTROL REGISTER
    // クロックを8MHzに設定する
    OSCCON = 0b01110000;

    // ANSELA: PORTA ANALOG SELECT REGISTER
    // デジタルI/Oを設定する
    ANSELA = 0b0000000;

    // ANSELB: PORTB ANALOG SELECT REGISTER
    // デジタルI/Oを設定する
    ANSELB = 0b00000000;

    init_port();                                    // 入出力ポートを初期化する
    init_timer();                                   // タイマーを初期化する
/* 魔法終了 */

    // 割り込みを許可する
    INTCON.T0IE = 1;                                // タイマー割り込みを許可する
    INTCON.GIE = 1;                                 // グローバル割り込みを許可する

    led_on(led);                                    // LEDnを点灯する
```

リスト2-1-3 スイッチを離すと少しだけ進み停止（つづき）

```c
    // 繰り返し処理
    while (1) {
        // スイッチを押したときには、
        if (SW_ON) {
            buttonFlag = FLAG_ON;                   // スイッチを押したフラグをONにする

            // 乱数列を初期化する
            srand(seed);                            // タイマーを利用する

            led_off(led);                           // LEDnを消灯する
            Delay_ms(100);                          // 0.1秒待つ

            led++;                                  // 次のLEDnにする
            // LED9を越えたときには、
            if (led > 9) {
                led = 0;                            // LED0にする
            }

            led_on(led);                            // LEDnを点灯する
            Delay_ms(100);                          // 0.1秒待つ

        // それ以外で、スイッチを離したときには、
        } else if (buttonFlag == FLAG_ON) {
            // 少しだけ繰り返す
            for (i = 0; i < rand() % 6 + 5; i++) {
                led_off(led);                       // LEDnを消灯する
                Vdelay_ms(100 * i);                 // 0.1×i秒待つ

                led++;                              // 次のLEDnにする
                // LED9を越えたときには、
                if (led > 9) {
                    led = 0;                        // LED0にする
                }

                led_on(led);                        // LEDnを点灯する
                Vdelay_ms(100 * i);                 // 0.1×i秒待つ
            }
            buttonFlag = FLAG_OFF;                  // スイッチを押したフラグをOFFにする
        }
    }
}

// 入出力ポートを初期化する
void init_port()
{
    LED0_Direction = OUTPUT_MODE;                   // LED0を出力に設定する
    LED0_OFF;                                       // LED0を消灯する
    LED1_Direction = OUTPUT_MODE;                   // LED1を出力に設定する
    LED1_OFF;                                       // LED1を消灯する
    LED2_Direction = OUTPUT_MODE;                   // LED2を出力に設定する
    LED2_OFF;                                       // LED2を消灯する
    LED3_Direction = OUTPUT_MODE;                   // LED3を出力に設定する
    LED3_OFF;                                       // LED3を消灯する
    LED4_Direction = OUTPUT_MODE;                   // LED4を出力に設定する
    LED4_OFF;                                       // LED4を消灯する
```

```c
        LED5_Direction = OUTPUT_MODE;           // LED5を出力に設定する
        LED5_OFF;                               // LED5を消灯する
        LED6_Direction = OUTPUT_MODE;           // LED6を出力に設定する
        LED6_OFF;                               // LED6を消灯する
        LED7_Direction = OUTPUT_MODE;           // LED7を出力に設定する
        LED7_OFF;                               // LED7を消灯する
        LED8_Direction = OUTPUT_MODE;           // LED8を出力に設定する
        LED8_OFF;                               // LED8を消灯する
        LED9_Direction = OUTPUT_MODE;           // LED9を出力に設定する
        LED9_OFF;                               // LED9を消灯する

        SW_Direction  = INPUT_MODE;             // スイッチを入力に設定する
}

// タイマーを初期化する
void init_timer()
{
        //TIMER0の設定 をする
        OPTION_REG.T0CS = 0;                    // 内部クロックを使用する
        OPTION_REG.PSA = 0;                     // プリスケーラーを使用する
        OPTION_REG.PS0 = 0;                     // 分周レートを1/2に設定する
        OPTION_REG.PS1 = 0;
        OPTION_REG.PS2 = 0;
}

// LEDnを点灯する
// 入力：LEDn
void led_on(int led)
{
        // LEDが、
        switch (led) {
            // LED0のときには、
            case 0:
                LED0_ON;                        // LED0を点灯する
                break;
            // LED1のときには、
            case 1:
                LED1_ON;                        // LED1を点灯する
                break;
            // LED2のときには、
            case 2:
                LED2_ON;                        // LED2を点灯する
                break;
            // LED3のときには、
            case 3:
                LED3_ON;                        // LED3を消灯する
                break;
            // LED4のときには、
            case 4:
                LED4_ON;                        // LED4を点灯する
                break;
            // LED5のときには、
            case 5:
                LED5_ON;                        // LED5を点灯する
                break;
```

リスト2-1-3 スイッチを離すと少しだけ進み停止（つづき）

```c
            // LED6のときには、
            case 6:
                LED6_ON;                        // LED6を点灯する
                break;
            // LED7のときには、
            case 7:
                LED7_ON;                        // LED7を点灯する
                break;
            // LED8のときには、
            case 8:
                LED8_ON;                        // LED8を点灯する
                break;
            // LED9のときには、
            case 9:
                LED9_ON;                        // LED9を点灯する
                break;
        }
    }

    // LEDnを消灯する
    // 入力：LEDn
    void led_off(int led)
    {
        // LEDが、
        switch (led) {
            // LED0のときには、
            case 0:
                LED0_OFF;                       // LED0を消灯する
                break;
            // LED1のときには、
            case 1:
                LED1_OFF;                       // LED1を消灯する
                break;
            // LED2のときには、
            case 2:
                LED2_OFF;                       // LED2を消灯する
                break;
            // LED3のときには、
            case 3:
                LED3_OFF;                       // LED3を消灯する
                break;
            // LED4のときには、
            case 4:
                LED4_OFF;                       // LED4を消灯する
                break;
            // LED5のときには、
            case 5:
                LED5_OFF;                       // LED5を消灯する
                break;
            // LED6のときには、
            case 6:
                LED6_OFF;                       // LED6を消灯する
                break;
            // LED7のときには、
            case 7:
```

```
                LED7_OFF;                                   // LED7を消灯する
                break;
            // LED8のときには、
            case 8:
                LED8_OFF;                                   // LED8を消灯する
                break;
            // LED9のときには、
            case 9:
                LED9_OFF;                                   // LED9を消灯する
                break;
        }
    }

    // 割り込み処理をする
    void interrupt()
    {
        // TIMER0の割り込みのときには、
        if (INTCON.T0IF == 1) {
            INTCON.T0IF = 0;                                // オーバーフローフラグをクリアーする
            seed++;                                         // 乱数の発生系列種をカウントする
        }
    }
    // End
```

PICの開発環境について

PICで使用しているC言語の開発環境は,「mikroC PRO for PIC Version 6.5.0」です. また, PICへの書き込みには, Microchip社の「PICkit 3」と「MPLAB IPE v2.15」を使用しています(図**2-1-8**). mikroCでは、[Projrct]-[Edit Project]-[MCLR Pin Function Select]を[Disabled]に設定してください(図**2-1-9**).

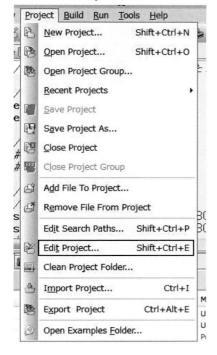

図2-1-8 プロジェクトメニュー画面から Edit Projectを選択

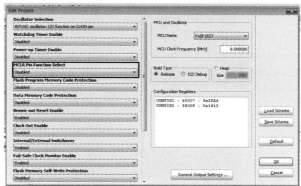

図2-1-9 EditProject画面では[MCLR Pin Function Select]を[Disabled]に設定

2-2 Arduino UNOで作る電子ルーレット

写真2-2-1 Arduino UNOで作る電子ルーレット

図2-2-1 Arduino IDE

開発環境

Arduinoのプログラミングは、**図2-2-1**の統合開発環境(Integrated Development Environment)という専用のソフトウェアで行います。このプログラム環境で、Arduinoボードで動作するスケッチを、Arduino言語で書くことができます。

まず、スケッチは**図2-2-2**にように、大きく三つの部分から構成されています。全体で使用する変数などの宣言/定義部分、最初に一度だけ実行する初期設定部分(setup関数)、そして繰り返し処理を実行する部分(loop関数)となります。

そして、Arduinoボードの入出力ピンは、デジタルIN/OUTピンが0〜13までの14個、アナログINが

> **Column** **Arduino 言語**
>
> C/C++をベースにしたものです。日本語で動作を記述し、置き換えるとわかりやすいと思います。
>
> ……したときには→ if 文
> ……それ以外のときには→ else 文
> ……の間は繰り返す→ while 文
> ……から……まで（○○回）繰り返す→ for 文

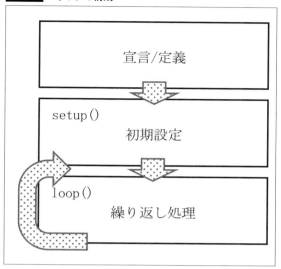

図2-2-2 スケッチの構成

0〜5までの6個,デジタル・ピンと兼用のアナログOUTピンが3,5,6,9〜11の6個あります.これらのピンを制御するプログラムがスケッチです.

ブレッドボードに実装する

スケッチで制御する各ピンに,各種電子部品を接続することから始めます.

使用する部品は**表2-1-1**のようなもので,**表2-2-2**のようにLEDをピン4〜ピン13まで,タクト・スイッチをピン2に設定します.**図2-2-3**の実体配線図と**図2-2-4**の回路図を参考に,ブレッドボードに実装してみてください.

ボタンを押したときに点灯

最初に,ボタンを押したときにLED_0を点灯するスケッチを考えてみます.

宣言/定義部分は,**表2-2-2**のピン設定を見ると,使用するLED_0はデジタル・ピン4に接続され,プッシュ・ボタンであるタクト・スイッチは,デジタル・ピン2に接続されています.また,プッシュ・ボタ

表2-2-1 使用部品

部品種類	部品番号	部品名称		仕様・型番		数量
ワンボード・マイコン		Arduino	UNO	相当品		1
ダイオード	LED_0〜LED_9	LED		φ5mmまたはφ3mm		10
コンデンサ	C_1	積層セラミック	50V	$0.1\mu F$(104)		1
抵抗器	R_1	カーボン皮膜	$1/4$W	1kΩ		1
	R_2			10kΩ		1
スイッチ	S_1	タクト	小型	2P	モーメンタリ(押している間だけON)	1
ブレッドボード						1
線材		ジャンパ線	各色			15

表2-2-2 ピン設定

ピン	デジタル		アナログ	
	IN	OUT	IN	OUT
0				
1				
2	BUTTON	IN		
3				
4	LED_0	OUT		
5	LED_1	OUT		
6	LED_2	OUT		
7	LED_3	OUT		
8	LED_4	OUT		
9	LED_5	OUT		
10	LED_6	OUT		
11	LED_7	OUT		
12	LED_8	OUT		
13	LED_9	OUT		

アミ掛け部分はデジタル・ピンと兼用のアナログOUTピン

図2-2-3 実体配線図

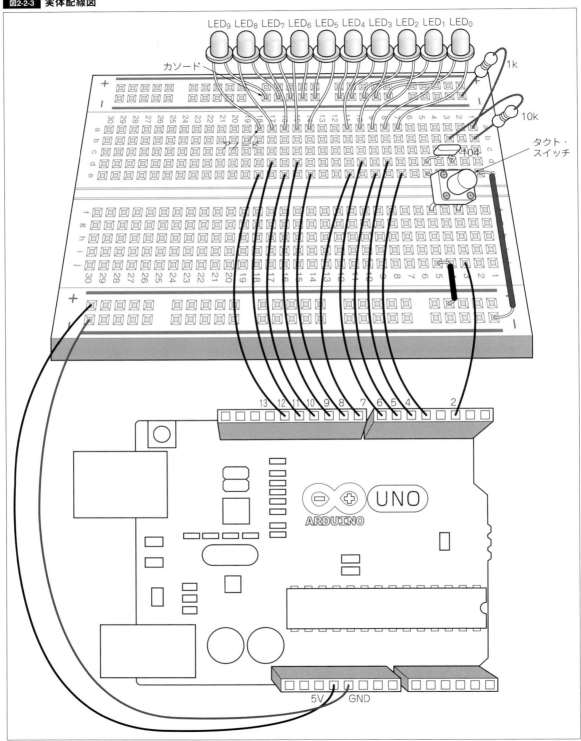

50　2章　マイコンでLEDを光らせよう

図2-2-4 回路

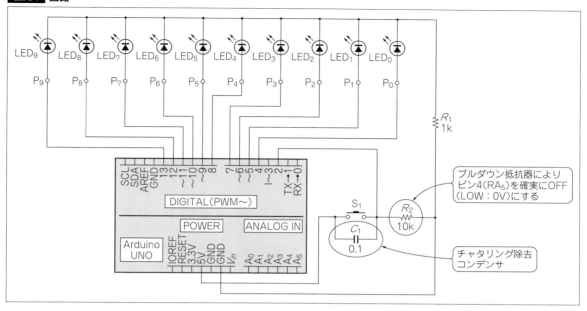

プルダウン抵抗器により
ピン4（RA5）を確実にOFF
（LOW：0V）にする

チャタリング除去
コンデンサ

図2-2-5 ボタンを押したときに点灯

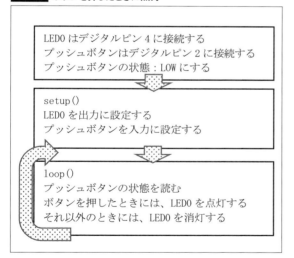

ンの初期状態はOFFですからLow（0V）とします．**図2-2-4**の回路からも，10kΩの抵抗器（R_2）でプルダウンしているのがわかります．

初期設定部分では，LED_0を出力，プッシュ・ボタンを入力に設定します．

繰り返し処理部分は，プッシュ・ボタンの状態を読み，ボタンを押したときは，すなわちONですからHigh（5V）のときには，LED_0を点灯します．ま た，それ以外のときには消灯します．**図2-2-5**がプログラムの構成で，**リスト2-2-1**がスケッチです．

ボタンを押している間は順次点滅

次に，ボタンを押している間は，LED_0〜LED_9までが，順番に点灯し消灯するスケッチを考えます．

宣言/定義部分で前項と異なるのは，使用するLEDがLED_0〜LED_9までの10個であることです．デジタル・ピン4〜13までが連続して接続されています．初期設定部分は，LED_0〜LED_9までを出力に設定します．

このように連続している場合には，for文を使用すると便利です．プッシュ・ボタンを入力に設定し，LED_0を選択しておきます．

繰り返し処理部分は，プッシュ・ボタンの状態を読み，ボタンを押したときは，すなわちONですからHigh（5V）のときには，LED_nを0.1秒点灯し，0.1秒消灯します．

この0.1秒待つdelay関数には，とても重要な意味があります．delay関数なしで試してみると，処理が速過ぎて目で確認できないことがわかります．あえてプログラムを，指定した時間止めることにより目で確認できるようにしているのです．いろい

リスト2-2-1 ボタンを押したときに点灯

```
  // ピン設定
  const int LED_PIN = 4;      // LED0 はデジタルピン 4 に接続する
  const int BUTTON_PIN = 2;   // プッシュボタンはデジタルピン 2 に接続する

  // 変数
  int buttonState = LOW;      // プッシュボタンの状態：LOW にする

  void setup() {
    pinMode(LED_PIN, OUTPUT);     // LED0 を出力に設定する
    pinMode(BUTTON_PIN, INPUT);   // プッシュボタンを入力に設定する
  }

  void loop(){
    buttonState = digitalRead(BUTTON_PIN);  // プッシュボタンの状態を読む

    // ボタンを押したときには、
    if (buttonState == HIGH) {
      digitalWrite(LED_PIN, HIGH);  // LED0 を点灯する

    // それ以外のときには、
    } else {
      digitalWrite(LED_PIN, LOW);   // LED0 を消灯する
    }
  }
```

Column 未接続ピンのノイズ

　randomSeed 関数は，疑似乱数列を初期化して，乱数列の任意の点から開始します．非常に長い乱数列ですが，同一のものとなります．すなわち，同じ値で疑似乱数列を初期化すれば，同じ乱数列が発生することになります．

　また，異なる乱数列により乱数を生成したい場合には，疑似乱数を初期化する値を，ランダムに変化させることが必要となります．その場合によく使われる手法が，無接続のアナログ入力ピンの値です．アナログ入力ピンには，10 ビットのアナログ / デジタル変換を搭載しているため，0 ～ 5V を 0 ～ 1023 ビットに変換することができます（分解能は 4.9mV）．

　このアナログ・ピンがオープンのとき，すなわち無接続のときは不安定であり，周囲の状況により値が刻一刻変化しています．そのノイズを真の乱数として利用する方法です．

図2-2-6 ボタンを押している間は点灯

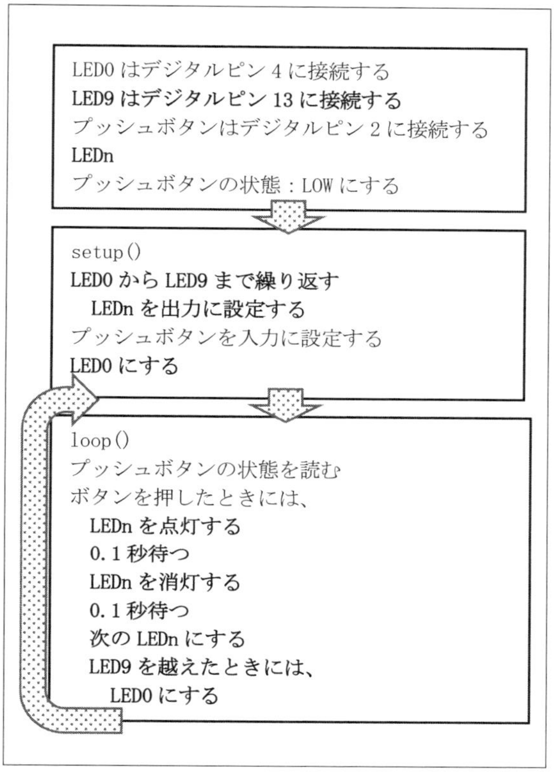

```
LED0 はデジタルピン 4 に接続する
LED9 はデジタルピン 13 に接続する
プッシュボタンはデジタルピン 2 に接続する
LEDn
プッシュボタンの状態：LOW にする
```
↓
```
setup()
LED0 から LED9 まで繰り返す
  LEDn を出力に設定する
プッシュボタンを入力に設定する
LED0 にする
```
↓
```
loop()
プッシュボタンの状態を読む
ボタンを押したときには，
  LEDn を点灯する
  0.1 秒待つ
  LEDn を消灯する
  0.1 秒待つ
  次の LEDn にする
  LED9 を越えたときには，
    LED0 にする
```

ろと秒数を変更して，確認してみてください．さらに，次のLEDnを選択し，LED_9を越えたときにはLED_0に戻します．

図2-2-6がプログラムの構成で，**リスト2-2-2**がスケッチです．

しかし，動作はどうなるのでしょうか．ボタンを押している間は順次点滅していますが，ボタンを離すとLEDが消灯して終了します．これでは電子ルーレットになりません．

そこで，ボタンを押している間は，LED_0〜LED_9までが，順番に消灯し点灯するスケッチに変更します．すなわち，点灯して終了することになります．そのためには，繰り返し処理部分のLEDnの点灯を最後にします．

図2-2-7がプログラムの構成で，**リスト2-2-3**がスケッチです．

ボタンを離すと少しだけ進み停止

最後に，ボタンを離したときに，少しだけ順番に消灯し点灯するスケッチを考えます．

「ボタンを離したとき」とは，ボタンを押して離す操作ですので，直前にボタンが押されていなけれ

リスト2-2-2 ボタンを押している間は順次点滅

```
// ピン設定
const int LED0_PIN = 4;      // LED0 はデジタルピン 4 に接続する
const int LED9_PIN = 13;     // LED9 はデジタルピン 13 に接続する
const int BUTTON_PIN = 2;    // プッシュボタンはデジタルピン 2 に接続する

// 変数
int led;                     // LEDn
int buttonState = LOW;       // プッシュボタンの状態：LOW にする

void setup() {
  // LED0 から LED9 まで繰り返す
  for (led = LED0_PIN; led <= LED9_PIN; led++) {
    pinMode(led, OUTPUT);    // LEDn を出力に設定する
  }
  pinMode(BUTTON_PIN, INPUT);  // プッシュボタンを入力に設定する
  led = LED0_PIN;            // LED0 にする
```

リスト2-2-2 ボタンを押している間は順次点滅（つづき）

```
}

void loop(){
  buttonState = digitalRead(BUTTON_PIN);  // プッシュボタンの状態を読む

  // ボタンを押したときには、
  if (buttonState == HIGH) {
    digitalWrite(led, HIGH);    // LEDnを点灯する
    delay(100);                 // 0.1秒待つ
    digitalWrite(led, LOW);     // LEDnを消灯する
    delay(100);                 // 0.1秒待つ

    led++;                      // 次のLEDnにする
    // LED9を越えたときには、
    if (led > LED9_PIN) {
      led = LED0_PIN;           // LED0にする
    }
  }
}
```

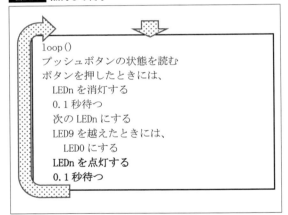

図2-2-7 点灯して終了

ばなりません．すなわち，ボタンが押されたという情報が必要となります．

宣言/定義部分で前項との違いは，ボタンを押した情報（フラグ）を追加し，初期状態ではボタンを押していない情報のFLAG_OFFとします．

さて，「少しだけ順番に消灯し点灯する」とは，数回繰り返すことですのでfor文を利用します．しかし，ボタンを離した後，必ず5個進むとか10個進むなどの毎回同じ回数繰り返すのでは，面白くあ

りません．

適当に揺らぎで，少しずつゆっくりと停止するのが理想です．この適当な揺らぎを実現するには，よく乱数が使われます．繰り返す回数が毎回ランダムに変化するので，予測がつきにくい動きとなり最適です．

Arduino言語では，ライブラリに疑似乱数を生成するrandom関数があり，乱数の最小値と最大値を指定することができます．また，疑似乱数列を初期化するrandomSeed関数と組み合わせて使用します．

さらに，少しずつゆっくりと停止するには，消灯と点灯の待ち時間を，繰り返す回数ごとに大きくしていけば実現できます．例えば，0.1秒×繰り返す回数とすれば，0.1秒→0.2秒→0.3秒→……→停止となるわけです．

それでは，宣言/定義部分には，乱数の最小値と最大値を追加します．

初期設定部分では，LED_0を点灯しておきます．前項のスケッチでは，電源をONした直前はすべてのLEDが消灯で，ボタンを押すと2番目のLED_1か

リスト2-2-3 ボタンを押している間は順次点滅

```
// ピン設定
const int LED0_PIN = 4;      // LED0 はデジタルピン4に接続する
const int LED9_PIN = 13;     // LED9 はデジタルピン13に接続する
const int BUTTON_PIN = 2;    // プッシュボタンはデジタルピン2に接続する

// 変数
int led;                     // LEDn
int buttonState = LOW;       // プッシュボタンの状態：LOW にする

void setup() {
  // LED0 から LED9 まで繰り返す
  for (led = LED0_PIN; led <= LED9_PIN; led++) {
    pinMode(led, OUTPUT);        // LEDn を出力に設定する
  }
  pinMode(BUTTON_PIN, INPUT);    // プッシュボタンを入力に設定する
  led = LED0_PIN;                // LED0 にする
}

void loop(){
  buttonState = digitalRead(BUTTON_PIN);   // プッシュボタンの状態を読む

  // ボタンを押したときには、
  if (buttonState == HIGH) {
    digitalWrite(led, LOW);    // LEDn を消灯する
    delay(100);                // 0.1 秒待つ

    led++;                     // 次の LEDn にする
    // LED9 を越えたときには、
    if (led > LED9_PIN) {
      led = LED0_PIN;          // LED0 にする
    }

    digitalWrite(led, HIGH);   // LEDn を点灯する
    delay(100);                // 0.1 秒待つ
  }
}
```

図2-2-8 ボタンを離すと少しだけ進み停止する

```
ボタンを押したフラグのON、OFF
乱数の最小値、乱数の最大値
LED0 はデジタルピン 4 に接続する
LED9 はデジタルピン 13 に接続する
プッシュボタンはデジタルピン 2 に接続する
LEDn
プッシュボタンの状態：LOW にする
ボタンを押したフラグ：OFF にする
```

```
setup()
LED0 から LED9 まで繰り返す
    LEDn を出力に設定する
プッシュボタンを入力に設定する
LED0 にする
LEDn を点灯する
乱数列を初期化する
 (未接続ピンのノイズを利用する)
```

```
loop()
カウンタ
プッシュボタンの状態を読む
ボタンを押したときには、
    ボタンを押したフラグを ON にする
    LEDn を消灯する
    0.1 秒待つ
    次の LEDn にする
    LED9 を越えたときには、
        LED0 にする
    LEDn を点灯する
    0.1 秒待つ
それ以外で、ボタンを離したときには、
    少しだけ繰り返す
        LEDn を消灯する
        0.1×i 秒待つ
        次の LEDn にする
        LED9 を越えたときには、
            LED0 にする
        LEDn を点灯する
        0.1×i 秒待つ
    ボタンを押したフラグを OFF にする
```

ら順次点滅を繰り返していたことに気がつきましたか．さらに，乱数列を未接続ピンのノイズを利用する初期化します．

　繰り返し処理部分では，for文に使用するカウンタ変数を定義します．また，ボタンを押したときに，ボタンを押した情報（フラグ）をFLAG_ONとし

Column　#define と const

　『Arduino をはじめよう』[注]にも，定数を定義する際は，#define より const キーワードを使うように書かれています．なぜなのでしょうか．実際に筆者が，執筆中に体験した例をご紹介します．

　乱数の最大値を，「#define RANDOM_max 10」と定義すると，少しだけ繰り返す部分が最大値 10 回を超えても終了しません．延々と繰り返している状況です．

　しかし「const long RANDOM_max = 10;」と定義すると，「List4-2-3.ino:10:error: expected unqualified-id before numeric constant」のエラーとなります．

　これは，すでに「RANDOM_max」が定義されている可能性があるときに発生するエラーですので，確認の意味で「#define RANDOM_max 10」をコメントにしてみると，エラーもなく通ります．

　明らかにシステムのどこかに「RANDOM_max」が定義されています．そこで，「RANDOM_max」から「max_RANDOM」に定義名を変更して，正常に動作することができました．

　エラーが発生するのも困りますが，エラーも発生せずに動作がおかしいのは，もっと困りますね．

ます．ボタンを離したときに，少しだけ（乱数で生成した繰り返し回数ぶん）繰り返します．また，消灯と点灯の待ち時間を，0.1秒×繰り返す回数とします．このことにより，徐々にゆっくりとなり最後に点灯し停止します．

　忘れてはいけないことは，ボタンを押した情報（フラグ）をFLAG_OFFに戻すことです．忘れるとどうなるのか，わかりますよね．

　図2-2-8がプログラムの構成で，**リスト2-2-4**がスケッチです．

［注］p.134参考文献参照

リスト2-2-4 ボタンを離すと少しだけ進み停止

```c
// 定数
// ボタンを押したフラグ
#define FLAG_ON  1    // ON
#define FLAG_OFF 0    // OFF

// 乱数の値
const long MIN_RANDOM = 5;    // 乱数の最小値
const long MAX_RANDOM = 10;   // 乱数の最大値

// ピン設定
const int LED0_PIN = 4;      // LED0はデジタルピン4に接続する
const int LED9_PIN = 13;     // LED9はデジタルピン13に接続する
const int BUTTON_PIN = 2;    // プッシュボタンはデジタルピン2に接続する

// 変数
int led;                     // LEDn
int buttonState = LOW;       // プッシュボタンの状態：LOWにする
int buttonFlag = FLAG_OFF;   // ボタンを押したフラグ：OFFにする

void setup() {
  // LED0からLED9まで繰り返す
  for (led = LED0_PIN; led <= LED9_PIN; led++) {
    pinMode(led, OUTPUT);    // LEDnを出力に設定する
  }
  pinMode(BUTTON_PIN, INPUT); // プッシュボタンを入力に設定する
  led = LED0_PIN;             // LED0にする
  digitalWrite(led, HIGH);    // LEDnを点灯する

  // 乱数列を初期化する
  randomSeed(analogRead(0));  // 未接続ピンのノイズを利用する
}

void loop(){
  // 変数
  int i; // カウンタ

  buttonState = digitalRead(BUTTON_PIN);  // プッシュボタンの状態を読む
```

リスト2-2-4 ボタンを離すと少しだけ進み停止（つづき）

```
  // ボタンを押したときには、
  if (buttonState == HIGH) {
    buttonFlag = FLAG_ON;       // ボタンを押したフラグをONにする

    digitalWrite(led, LOW);     // LEDnを消灯する
    delay(100);                 // 0.1秒待つ

    led++;                      // 次のLEDnにする
    // LED9を越えたときには、
    if (led > LED9_PIN) {
      led = LED0_PIN;           // LED0にする
    }

    digitalWrite(led, HIGH);    // LEDnを点灯する
    delay(100);                 // 0.1秒待つ
  }

  // それ以外で、ボタンを離したときには、
  else if (buttonFlag == FLAG_ON) {
    // 少しだけ繰り返す
    for (i = 0; i < random(RANDOM_MIN, RANDOM_MAX); i++) {
      digitalWrite(led, LOW);   // LEDnを消灯する
      delay(100 * i);           // 0.1×i秒待つ

      led++;                    // 次のLEDnにする
      // LED9を越えたときには、
      if (led > LED9_PIN) {
        led = LED0_PIN;         // LED0にする
      }

      digitalWrite(led, HIGH);  // LEDnを点灯する
      delay(100 * i);           // 0.1×i秒待つ
    }
    buttonFlag = FLAG_OFF;      // ボタンを押したフラグをOFFにする
  }
}
```

2-3 Arduino UNOで作るツリー型イルミネーション

Arduino UNOのスケッチ(プログラミング)を使って，ツリー型イルミネーションを製作してみます．「1-2 電波と音に反応するイルミネーションを作る」で使用したLM3915は，10段階にレベルを分割し10個のLEDを制御することができる専用LEDドライバICでした．Arduino UNOでは，アナログ入力を使用します．このアナログ入力は，10ビットのA/Dコンバータを搭載していますので，分解能が1024となります．基準電圧を5Vとしたとき，

$$\frac{5V(V)}{1024} = 4.88 (mV)$$

となり，1ビットが約5mVです．これは，Arduino UNOで作るLED表示デジタル電圧計となります．さらに，センサと複数のLEDが点灯する回路を追加すれば，ツリー型イルミネーションが製作できます．

ブレッドボードに実装する

スケッチで制御する各ピンに，各種電子部品を接続することから始めます．

それでは，表2-3-1のように，LEDをピン4～13ま

で，センサをピン0に設定します．図2-3-1の回路図と図2-3-2の実体配線図を参考に，ブレッドボードに実装してみてください．使用する部品は表2-3-2です．

表2-3-1 ピン設定

ピン	デジタル		アナログ	
	IN	OUT	OUT	IN
0				センサ
1				
2				
3				
4	LED_0	OUT		
5	LED_1	OUT		
6	LED_2	OUT		
7	LED_3	OUT		
8	LED_4	OUT		
9	LED_5	OUT		
10	LED_6	OUT		
11	LED_7	OUT		
12	LED_8	OUT		
13	LED_9	OUT		

アナログOUTは，デジタルIN/OUTと兼用

Column 基準電圧

analogReference関数で，アナログ入力で使われている基準電圧を設定することができます．

引数 (tupe)	基準電圧
DEFAULT	既定値で電源電圧(5V)
INTERNAL	内蔵基準電圧
EXTERNAL	AREFピンに供給する電圧(0～5V)

図2-3-1 回路図

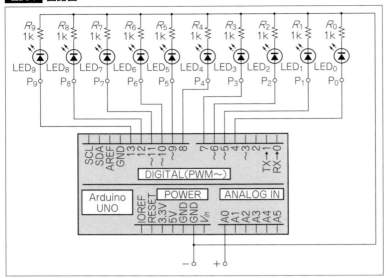

図2-3-2 実体配線図

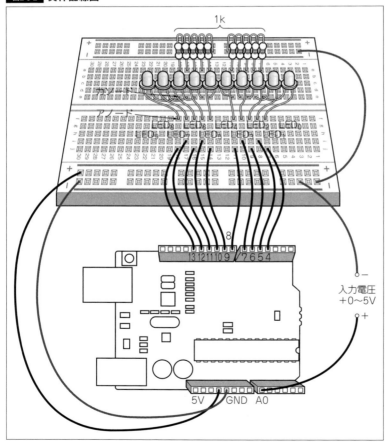

デジタル電圧計

基準電圧を5Vとし，10ビットのA/Dコンバータで変換するデジタル電圧計のスケッチを考えてみます．5.0Vを0.5V刻みで10段階に分割し，分解能が1024ですので

$$\frac{5V[V]}{1024} = 4.88[mV]$$

から計算し，**表2-3-3**のようにA/D変換値を設定します．また，入力電圧はArduino UNOの電源電圧を越えないように注意してください．ボード上の+5VとGNDピンを使用することをお勧めします．

基本的な考え方は，前述の「2-2 Arduino UNOで作る電子ルーレット」と同じです．

宣言/定義部分は，**表2-3-1**のピン設定を見ると，使用するLED$_0$はデジタル・ピン4～13までが連続して接続されています．また，電圧レベル・テーブルを定義しておきます．初期設定部分は，LED$_0$からLED$_9$までを出力に設定します．このように連続している場合には，for文を使用すると便利です．繰り返し処理部分は，アナログ・ピンの入力電圧(A/D変換値)を読み込みます．次に，電圧レベル・テーブルの項目数分，入力電圧(A/D変換値)と電圧レベル・テーブルの電圧値を比較します．電圧値より小さいときには，電圧レベルとして決定します．最後は，LEDの点灯と消灯を実行します．決定した電圧レベルまでのLED$_n$を点灯します．そして，決定した電圧レベルから最後までのLED$_n$を消灯し，0.1秒待ちます．

表2-3-2 部品表

部品種類	部品番号	部品名称	仕様・型番		数量
ワンボード・マイコン		Arduino	UNO	相当品	1
ダイオード	LED_0〜LED_9	LED		φ5mmまたはφ3mm	10
抵抗器	R_1	カーボン皮膜	$1/4$W	1kΩ	10
	VR_1	可変		10kΩ	動作確認用,半固定抵抗器でも可	1
ブレッドボード					1
線材		ジャンパ線		各色	15

表2-3-3 A/D変換値の設定

LED_n	入力電圧(V)	A/D変換値	D/A変換した電圧(V)
9	9	1023	VIN=4.992
8	8	922	4.499≦VIN<4.992
7	7	820	4.002≦VIN<4.499
6	6	717	3.499≦VIN<4.002
5	5	615	3.001≦VIN<3.499
4	4	512	2.499≦VIN<3.001
3	3	410	2.001≦VIN<2.499
2	2	307	1.498≦VIN<2.001
1	1	205	1.000≦VIN<1.498
0	0	102	0.498≦VIN<1.000

図2-3-3がプログラムの構成で，**リスト2-3-1**がスケッチです．

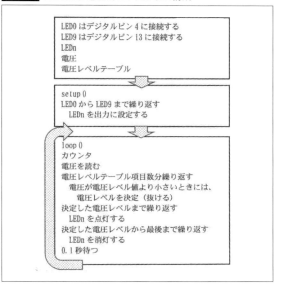

図2-3-3 LED表示電圧計のプログラム構成

動作確認

スケッチを試してみます．LEDが数個点灯していると思います．これは，無接続のアナログ入力ピンの値です．アナログ入力ピンとGNDピンを手で触ってみてください．LEDの点灯が変化すると思います．「Column 未接続ピンのノイズ」でも説明しましたが，このアナログ・ピンがオープンのとき，すなわち無接続のときは不安定であり，周囲の状況により値が刻一刻変化しています．

それでは，電池1本を測定してみます．電池のプラス側をアナログ入力ピンへ，マイナス側をGNDピンに接続します．LEDは3個(1.5≦VIN<2.0)または2個(1.0≦VIN<1.5)点灯していますね．連続してLED点灯の操作を確認するには，**図2-3-4**のように10kΩの可変抵抗器(ボリューム)か半固定抵抗器で電源電圧を分圧して入力します．

点灯させるLEDの数ですが，Arduino UNOの各ピンからは，20mAまでとなっています．電圧は5Vですので，順方向電圧が約1.8Vの緑色や赤色LEDでは，2個まで制御することができます．また，青色や7色イルミネーションLEDでは最大約3.2Vですので，1個まで制御できます．それ以上にLEDの数を増やし制御したい場合には，トランジスタなどをスイッチとして使って，必要な電圧で動作する回路を実装することになります(**図2-3-5**)．

光センサ，温度センサ，点滅型LEDや7色イルミネーションLEDなどを，アナログ入力ピンに接続して試してみてください．それらの電圧変化が，ツリー型イルミネーションとなり点灯します．ただし，入力電圧はArduino UNOの電源電圧を越えないように注意してください．Arduino UNOの電源電圧(ボード上の+5VとGNDピン)を使用することを推奨します．外部電源が必要であれば，抵抗器やクランプ・ダイオードなどの入力保護回路を追加します．

電圧レベルテーブルを変更することで，LM3914(リニア)/LM3915(対数)/LM3916(V/Uメータ)はもちろん，変化量をオリジナルで設定することができます．

リスト2-3-1 LED表示電圧計

```
// ピン設定
const int LED0_PIN = 4;    // LED0 はデジタル・ピン 4 に接続する
const int LED9_PIN = 13;   // LED9 はデジタル・ピン 13 に接続する

// 変数
int led;                   // LEDn
int voltage;               // 電圧
int levelTable[10] = {
  102, 205, 307, 410, 512, 615, 717, 820, 922, 1023};  // 電圧レベル・テーブル

void setup() {
  // LED0 から LED9 まで繰り返す
  for (led = LED0_PIN; led <= LED9_PIN; led++) {
    pinMode(led, OUTPUT);  // LEDn を出力に設定する
  }
}

void loop(){
  // 変数
  int i;                       // カウンタ
  voltage = analogRead(0);     // 電圧を読む

  // 電圧レベル・テーブル項目数分繰り返す
  for (i = 0; i < 10; i++) {
    // 電圧が電圧レベル値より小さいときには、
    if (voltage < levelTable[i]) {
      break;                   // 電圧レベルを決定（抜ける）
    }
  }

  // 決定した電圧レベルまで繰り返す
  for (led = 0; led < i; led++) {
    digitalWrite(led + LED0_PIN , HIGH);  // LEDn を点灯する
  }

  // 決定した電圧レベルから最後まで繰り返す
  for (; led < 10; led++) {
    digitalWrite(led + LED0_PIN, LOW);    // LEDn を消灯する
  }
  delay(100);                             // 0.1 秒待つ
}
```

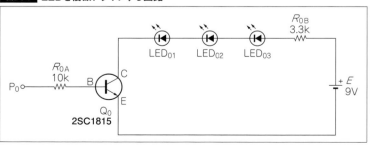

図2-3-4 LED表示電可変抵抗器による動作確認回路圧計のプログラム構成

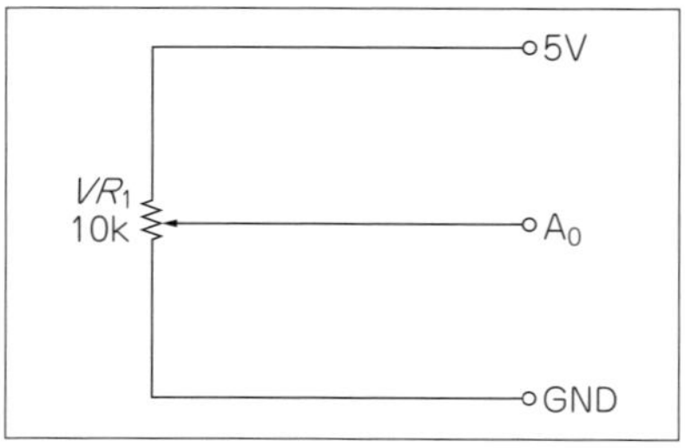

図2-3-5 LEDを複数ドライブする回路

3章
アマチュア無線お役立ち工作編

LEDを光らせてみると，アマチュア無線運用や周辺機器への応用が頭に浮かんでくるのではないでしょうか．ここではほんの一例ですが，お役立ち工作を並べてみることにします．電波の強さを表示したり，受信音が入ったことを光の回転で知らせたり，送信電波を感知して光る表示器など，シャックに来たアマチュア無線仲間も思わず作りたくなる工作ばかりです．

- 3-1 LED表示電圧計を作る
- 3-2 光と音で知らせる受信報知器を作る
- 3-3 LED表示Sメータを作る
- 3-4 LED表示ON THE AIRを作る
- 3-5 LEDチェッカー

3-1 LED 表示電圧計を作る

ここでは電圧を10段階のレベルに分割し，ドット/バー・ディスプレイドライバIC LM3914を使って10個のLEDを電圧別に点灯させることにします．LM3914は，入力電圧に比例してLEDが点灯します．すなわち，10段階のデジタル電圧計が作製できるのです．まず，ビジュアルなLED表示電圧計としての動作を設計します．

ドット/バー・ディスプレイ・ドライバIC LM3914での設計

● 基準電圧とLED電流

データシートによれば，基準電圧（V_{REF}）とLEDに流す電流（I_{LED}）は次のようになります．**図3-3-1**が回路です．

$$V_{REF}[V] = 1.25[V]\left(1 + \frac{(R_4+VR_2)[\Omega]}{R_3[\Omega]}\right) + (R_4+VR_2)[\Omega] \times 80[\mu A]$$

$$I_{LED}[A] = \frac{12.5[V]}{R_3[\Omega]} + \frac{V_{REF}[V]}{2.2[k\Omega]}$$

ただし，電圧計として正確な基準電圧が必要になりますので，半固定抵抗器と組み合わせて較正ができるようにします．例えば，R_3を4.7kΩ，R_4を7.5kΩとし半固定抵抗器VR_2を5kΩとすると，**表3-1-1**の範囲での設定が可能となります．この

アマチュア無線にとっても，無線機などの電源管理はとても大切なことです．移動運用のときには，なおさらバッテリ管理が重要になりますね．もちろん，安定化電源などのメータもありますが，日中の日差しの中や夜間では，読みにくいのではないでしょうか．秋月電子通商やaitendoで販売している，小型の7セグメントLEDデジタル電圧計を接続する簡単な方法もありますが，あなただけのLED活用プチ・ツールを製作してみるのもいいと思います．

Column データシート

データシートは，インターネットから検索して入手できるので，必ず確認してください．型番が同じでもメーカーによって，仕様が微妙に異なることがあります．また，互換でもピン配置が異なることはよくあります．例えば，ワンチップAMラジオICのLMF501とUTC7642では，ピン配置がまったく異なります．また，低電圧オーディオ・パワー・アンプICのLM386-1/LM386-3/LM386-4とNJM386B/NJM386BDでは，枝番ごとに電源電圧範囲と出力電力が異なってきます．そして，記述言語が日本語や英語ならいいのですが，最近では中国語やロシア語などのデータシートもあります．しかし，日本語以外のデータシートでもインターネットの翻訳ツールを利用すれば，おおよその見当がつくと思います．

まずは，データシートを入手し，目を通すことをお勧めします．

図3-1-1 基準電圧を較正できる回路

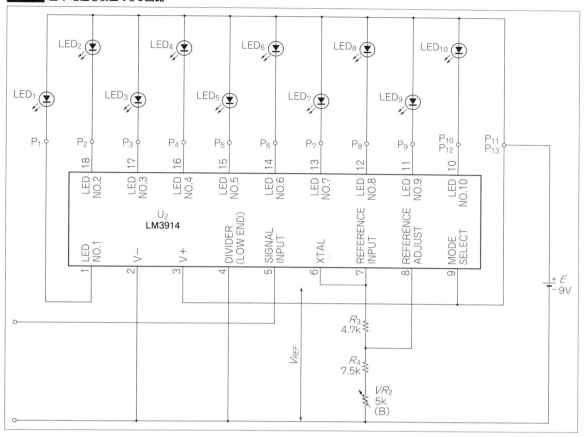

場合は，基準電圧が約3.8～5.6V，LED電流は約4～5mAです．

● 入力電圧を分圧する回路

測定電圧は0～15Vと決めましたので，基準電圧の5Vで測定するために，入力電圧を1/3に分圧します．すなわち，15Vを入力すると5Vに分圧されるわけです．例えば，**図3-1-2**のように，R_1を20kΩ，R_2を8.2kΩとし半固定抵抗器VR_1を5kΩとすると，**表3-1-2**の範囲での分圧が可能となります．15Vの入力電圧を，約4.4～6.0Vの範囲で分

図3-1-2 入力電圧を分圧する回路

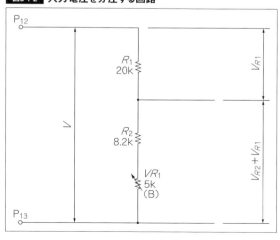

表3-1-1 抵抗器R_4と半固定抵抗器VR_2による範囲

$(R_4 + VR_2)$ (Ω)	7.5	10.0	12.5
V_{REF} (V)	3.84	4.71	5.57
I_{LED} (A)	4.01	4.8	5.19

表3-1-2 抵抗器R_2と半固定抵抗器VR_1による範囲

R_2(Ω)+V_{R1}(Ω)	8.2	10.7	13.2
R_2(Ω)+V_{R1}(Ω)/(R_1(Ω)+R_2(Ω)+V_{R1}(Ω))	0.291	0.349	0.398
15Vを分圧した電圧V_{R1}+V_{R1}(V)	4.365	5.235	5.97

表3-1-3 LED色と入力電圧

色	LEDn	入力電圧(V)	分圧電圧(V)	用途
赤	10	15.0	5.0	
青	9	13.5	4.5	無線機電源
青	8	12.0	4.0	無線機電源, 鉄道模型パワーパック
黄	7	10.5	3.5	
緑	6	9.0	3.0	006P
黄	5	7.5	2.5	
緑	4	6.0	2.0	電池4本
緑	3	4.5	1.5	電池3本
緑	2	3.0	1.0	電池2本
緑	1	1.5	0.5	電池1本

圧することができます．

● **LEDで電圧を表示**

最後に，ビジュアルなLED表示を考えます．LED1個が電池1個ぶんの1.5Vですので，わかりやすいのではないでしょうか．筆者は，LED色を**表3-1-3**，配置を**図3-1-3**のようにしました．しかし，好みがあると思いますので，用途に応じてデザインしてください．

● **実際の回路**

図3-1-4がLED表示電圧計の完成した回路です．

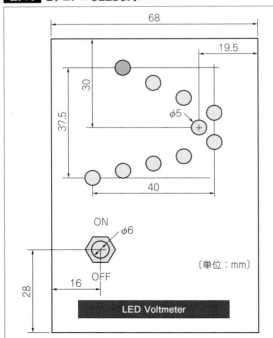

図3-1-3 ビジュアルなLED表示

また，**表3-1-4**が部品表となります．すべての使用している部品は，サトー電気や秋月電子通商で購入することができます．

基板のはんだ付けは，部品面から見た部品配置と配線図（**図3-1-5**）と完成した基板（**写真3-1-1**）と基板裏側（**写真3-1-2**）を参考にしてください．

製 作

● **ケースを加工する**

サトー電気で購入した樹脂製ケース（XD-9）を加工します．加工と加工寸法は**図3-1-6**を参照してください．

加工の作業は次の手順で行います．

ケースの上カバーにLED用の穴を10個あけます．LEDを埋め込む穴位置は，ケース図面（**図3-1-6**）を参考にして，印刷または手書きで実寸サイズのテンプレートを作成し，貼り付けるときれいに仕上がります．

LED個々の穴は，φ2mmであけた後に，実装するLEDを当てながら，ヤスリやリーマなどで少しずつ大きくしていきます．LEDはφ5mmでも種類により形状が異なり，微妙にサイズが違ってきます．焦らずゆっくりと作業することが重要です．

トグル・スイッチ用に，φ6mmの穴をあけます．乾電池006Pを収納するため，下カバーにある8個の基板取り付けボスのうちの2個を削り取ります．

前面パネルに，陸軍ターミナル用の穴φ8mmをあけ，背面パネルに，DCジャック用の穴φ12mmをあけて加工は終了です（**写真3-1-3**）．

図3-1-4 LED表示電圧計回路

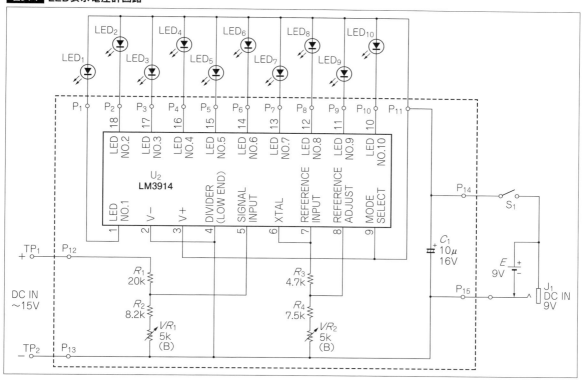

表3-1-4 使用部品一覧

部品種類	部品番号	部品名称	仕様・型番			数量
IC	U_1	ドット/バー・ディスプレイドライバ	LM3914			1
		ICソケット	18P			1
ダイオード	LED1〜10	LED	φ5mmまたはφ3mm		色, 拡散, 高輝度, 点滅, 色イルミネーションは好みで	10
コンデンサ	C_1	電解	16V	10μF		1
抵抗器	R_1	カーボン皮膜	1/4W	20kΩ		1
	R_2			8.2kΩ		1
	R_3			4.7kΩ		1
	R_4			7.5kΩ		1
	VR_1, VR_2	半固定	B	5 kΩ		2
スイッチ	S_1	トグル	小型基板用	2Pまたは3P	ON-OFFまたはON-ON	1
ピン・ヘッダ	P_1〜P_{11}	角ピン シングルライン	11P	2.54mm		1
		QIピン・ケーブル	11P		LED接続用	1
陸軍ターミナル	TP_1	小		赤		1
	TP_2			黒		1
006P用スナップ						1
DCジャック	J_1		φ2.1mm	3P		1
基板			44×39mm	2.54mm	17×15穴	1
ケース			W65×H38×D100mm		XD-9(サトー電気)	1
ネジ		タッピング	なべ	M3	30mm	4
				M2.3	6mm	2
線材		ビニール線	赤/白または赤/黒		約30cm	1
		熱収縮チューブ			少々	1

3-1 LED表示電圧計を作る

図3-1-5 部品面から見た部品配置と配線図

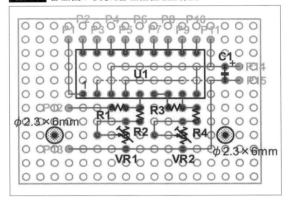

図3-1-6 ケースの加工寸法

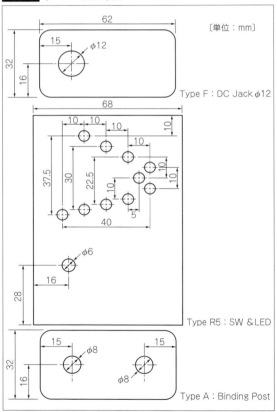

写真3-1-1 完成した基板

写真3-1-2 基板裏側

写真3-1-3 加工したケース

● 使用部品と実装時の注意

　コンデンサや抵抗器とトグルスイッチが，接触しないように配置する必要があります．詳細は，**図3-1-7**を参照してください．

　基板への部品の実装は次の手順で行います．

図3-1-7 実体配線図

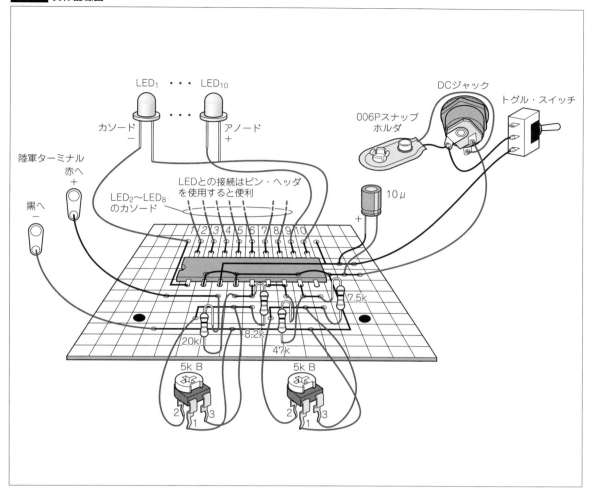

　片面2.54mmピッチの万能基板17×12穴（44×31mm）に実装します．また，コンデンサと抵抗器の切断したリード線を利用して配線します．

　ICソケット下のジャンパ線から，はんだ付けをします．抵抗器と電解コンデンサをはんだ付けします．半固定抵抗器を，向きを間違えないようにはんだ付けします．

　ICソケットは，一度にすべてのピンをはんだ付けせず，対角線に位置する1番ピンと18番ピンを固定し，基板から浮いていないことを確認してからほかのピンをはんだ付けするときれいに仕上がります．

　最後にピン・ヘッダをはんだ付けし，基板からビニル線で，トグル・スイッチ，陸軍ターミナル，DCジャックへ配線します．

● ケースへの部品取り付け

　ケースの上カバーに，トグル・スイッチとLEDを10個取り付けます．**写真3-1-4**のように，LEDのアノード側リードをすべて接続します．各カソード側は，QIピン・ケーブルを取り付け，熱収縮チューブで保護しています．このとき，QIピン・ケーブル色をカラー・コードに対応させるとわかりやすくなります．

　写真3-1-5のように，基板はタッピング・ネジ（M2.3×6mm）で固定します．基板取り付け後，QIピン・ケーブルのカラー・コードとLM3914の

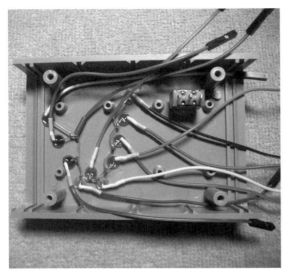

写真3-1-4 LEDの取り付け

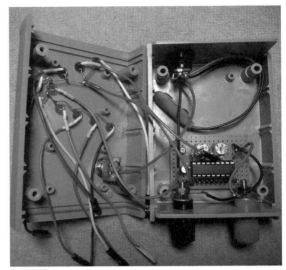

写真3-1-5 LQIピンを接続

ピン・アサインを確認しながら，ピン・ヘッダへ固定していきます．

　前面パネルに陸軍ターミナルを取り付け，背面パネルにDCジャックを取り付けます．

　ネジの緩み止めボンドなどで，スイッチとLED，陸軍ターミナル，DCジャックを固定しておきます．

　最後に，各種ラベルを貼り付けて完成です．

● 配線の確認と動作チェック

　最初に，ICを実装しないで回路図と基板などの配線を確認します．間違いがなければテスタを電圧レンジにして，電源電圧をチェックします．また，ICソケットの2番ピンV－と3番ピンV＋間の電圧を測定します．さらに，GNDとほかのピン間の電圧もチェックしてください．3番ピンV＋と9番ピンMODE SELECT以外が電源電圧9Vのときには，配線を見直します．そして，問題がなければICをソケットに挿します．

　配線の確認は，まずは確認，上下逆さに見て確認，一息入れて確認の3回を推奨します．較正は次のように行います．

- 電源をONに．
- LM3914の7番ピンREFERENCE INPUTとGND間の電圧（基準電圧）を測定．
- 半固定抵抗器VR_2を調整して，基準電圧を5Vに

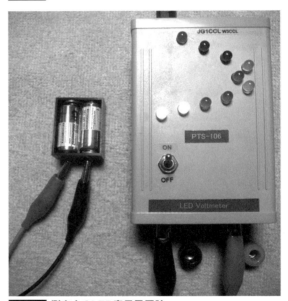

写真3-1-6 測定中のLED表示電圧計

設定
- 陸軍ターミナルに測定する電池を接続．
- 陸軍ターミナル間の電圧（電池電圧）を測定．
- 5番ピンSIGNAL INPUTとGND間の電圧（分圧した電圧）を測定．
- 半固定抵抗器VR_1を調整して，陸軍ターミナル間の電池電圧の$1/3$に設定．

　以上で較正完了です．

3-2 光と音で知らせる受信報知器を作る

写真3-2-1 鉄道用の特殊発光信号機
写真は4灯四角の特殊信号発光機．このほかに，本製作で模した五角形や縦長に点滅発光するタイプのものもある

　アマチュア無線で利用できるLED活用ツール製作第2弾です．無線機の受信音を離席していて聞き逃すことや，スマートフォンの着信がマナー・モードになっていて気がつかないことがありませんか．そんなときに，受信や着信を検知し，光と音で知らせてくれる受信報知器があれば便利です．

　どのようなものにするかを考えていたとき，鉄道マニアの知人からヒントをもらいました．鉄道の踏切には，運転士専用に非常時の特殊発光信号機があるそうです．まだ点灯している現物を見たことはありませんが，5個の赤ランプが2個ずつ反時計まわりに回転点灯するそうです（**写真3-2-1**）．

　4章の鉄道模型のLED工作にも応用できそうなので，この特殊発光信号機をLEDで再現した受信報知器にしてみます．

ロジックICとディスクリート部品で作る

　ロジックICと，汎用トランジスタなどのディスクリート部品を使って，受信報知器を製作します．すぐに製作から始めたいときには，「受信（着信）を検知する回路　●受信報知機の回路」（p.76）から読み進めてください．

● 5個のLEDが2個ずつ反時計まわりに回転し点灯する回路

　特殊発光信号機は，5個のライトが2個ずつ反時計まわりに回転し点灯するものです．まずは，5個のLEDを点滅させる回路を考えます．「1-1 電子ルーレットを作る」では，10個のLEDを順次点滅させましたが，これを5個のLEDにしてみます．そのためには，6個目のLEDを点灯するピンである5番ピンQ_5を，カウンタをリセットする15番ピンCLRに接続します．このように接続すると，**図3-2-1**のように1～5までのカウンタとなります．

　例えば，1～8までのカウンタが必要なときには，9個目のLEDを点灯するピンである9番ピンQ_8を，カウンタをリセットする15番ピンCLRに接続すれ

3-2　光と音で知らせる受信報知器を作る　**71**

図3-2-1 1〜5までのカウンタ回路

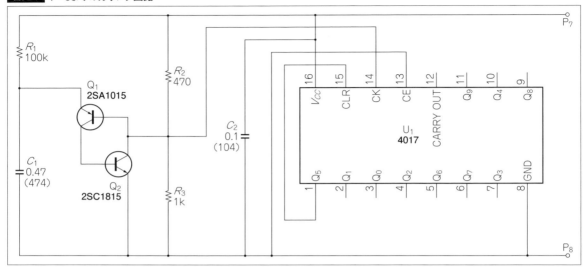

ば実現できます．このようにして10進ジョンソン・カウンタ4017では，最大10までのカウンタに応用することが可能です．

次に，2個ずつ点灯する回路を考えてみます．カウンタと点灯するLEDの組み合わせは，**表3-2-1**のようになります．この場合には，小信号用ダイオードを使って，カウンタごとに2個ずつ点灯するようにします（**図3-2-2**）．また，一度に2個のLEDが点灯しますので，電流制御用抵抗器はLEDごとに配置する必要があります．ところで，カウンタが1のときに，LED_4とLED_0から開始しているのは，配線を簡単にするためです．4017のピン配置が，$Q_1/Q_0/Q_2/Q_3/Q_4$と並びQ_1/Q_0がクロスしますので，カウンタが2のときに，LED_0とLED_1を点灯する回路のほうが基板の配線は少しだけ楽になります．

● 音を発生する回路

報知器の音ですが，踏切警報音のようなけたた

表3-2-1 カウンタと2個ずつ点灯するLED

カウンタ	LED_0	LED_1	LED_2	LED_3	LED_4
1	点灯				点灯
2	点灯	点灯			
3		点灯	点灯		
4			点灯	点灯	
5				点灯	点灯

図3-2-2 2個ずつ点灯する回路

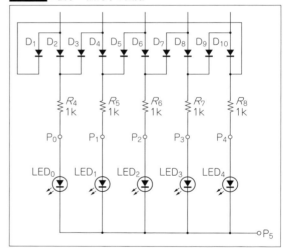

ましい音でもいいのですが，夜間に室内でそのような音がすると，家族や近所に迷惑がかかります．そこで，優しく電子オルゴールでお知らせするようにします．

使用するICは，電子オルゴールの定番であるメロディIC UM66T-Lシリーズ（**表3-2-2**）から「It Is A Small World」を選びました．このICは，電池1〜2個（1.3〜3.3V）で，トランジスタと抵抗器を追加するとスピーカを鳴らすことができる優れものです．季節や気分に応じて曲名を変更してみるの

表3-2-2 メロディIC UM66T-Lシリーズ

型番	曲名
01L	Jingle Bells + Santa Claus Is Coming To Town + We Wish You A Merry Christmas
05L	Home Sweet Home
09L	Wedding March (Mendelssohn)
19L	For Alice
32L	Coo Coo Waltz
68L	It Is A Small World

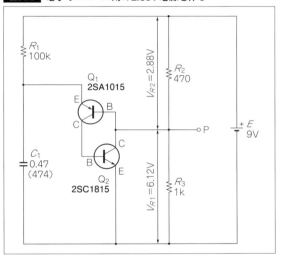

図3-2-3 電子オルゴール用の2.88V電源を作る

写真3-2-2 圧電ブザーの外観

となります．ちょうどよい電源電圧ですので，ここから取り出します（図3-2-3）．

ところが，実際に動作させると失敗です．音のテンポがゆっくりで音も小さく，まるで電圧不足の状態なのです．スピーカからは一定の間隔で「ボブッ」というノイズが入ります．もちろん，電池を直接接続したときにはきれいな音色を奏でます．しかし，R_2（470Ω）間からでは，16.4Hzのパルス波で出力されていますので，ノイズはこの音です．コンデンサを接続して平滑化することも考えましたが，カウントする信号を発生している大切な部分（心臓部）ですから当然できませんね．代替案を検討しなければなりません．

● 圧電ブザーに変更

そこで，パルス波が出力されているならば，それを圧電スピーカで鳴らせないかと実験しましたが，16.4Hzの低い「ボブッ」という音になります．さらに，圧電ブザー（写真3-2-2）を接続してみたところ，「ピー」という音を出してくれました．小さい音ですが，高音のため生活音に邪魔されず聞き取れます．

受信（着信）を検知する回路

最後に，受信や着信を検知する回路を考えます．

もよいかもしれません．

特殊発光信号機のような赤色LEDの動作に合わせて「It Is A Small World」が流れるのは，とんでもなくミスマッチですが，視覚的にも聴覚的にも楽しめること請け合いです．

本稿末の図3-2-10が電子オルゴール部分の回路です．この部分の製作は別基板化して，本製作だけでなく本書のほかの工作でも使えるようにするために，製作は本稿の稿末で解説します．

● 3V電源をどうするのか

電子オルゴール回路の電源ですが，1.3〜3.3Vが必要です．ところで，10進ジョンソン・カウンタ4017の13番ピンCEに，電源9VがR_2（470Ω）とR_3（1kΩ）で分圧され，R_2両端では約3Vになっています．

$$VR_2 = R_2[\Omega] \times E[V] / (R_2[\Omega] + R_3[\Omega])$$
$$= 470[\Omega] \times 9[V] / (470[\Omega] + 1[k\Omega])$$
$$= 2.88[V]$$

図3-2-4 フォトICダイオード S9648-100のピン配置例

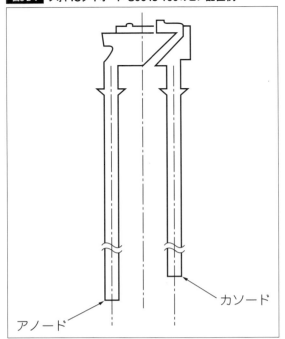

図3-2-5 フォトICダイオードの光センサ・スイッチ回路

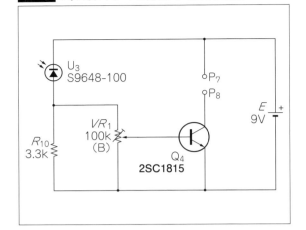

図3-2-6 CdS光センサ・スイッチ回路

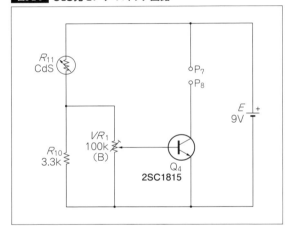

いくつかの方法がありますが，無線機では受信のときに点灯する受信表示ランプを，また，スマートフォンでは着信のときに点灯する着信ランプを，光センサで検知する方法で実装してみます．使用する光センサは，安価なCdSセルとフォトICダイオードS9648-100（**図3-2-4**）を使いましたが，どちらも同じ回路にし，センサ部分をモノラル・プラグ付きケーブルで交換できるようにしています．

データシートによれば，フォトICダイオードS9648-100は最大逆電圧が－0.5～＋12Vで，光電流ILと順方向電流IFが最大5mAとなっています．電源電圧が9Vですので，

$R[\Omega] = E[V] / I[A] = 9[V] / 5[mA] = 1.8[k\Omega]$

となります．そこで，E系列から少し大きめの値を選択し，**図3-2-5**および**図3-2-6**の回路で測定した結果が**表3-2-3**です．

明/暗の明は，机上の蛍光灯スタンドを一定の位置にし，暗は加工前のセンサ・ケース（SW-30B）を光センサに被せて光を遮断しています．また，同じ回路でCdSも測定しましたので，参考にしてください．CdSの括弧内の電圧は，白色LEDライトをCdSセルに近づけたときの値です．同じようにフォトICダイオードS9648-100でも，白色LEDライトを近づけたのですが，ほとんど変化がありませんでした．

半固定抵抗器VR_1で感度調整が可能ですので，E12系列の3.3kΩとします．電流は，

$I[A] = E[V] / R[\Omega] = 9[V] / 3.3[k\Omega] = 2.73[mA]$

表3-2-3 R_{10}間の電圧〔V〕

R_{10}〔kΩ〕	明/暗	2.192	2.964	3.293	9.85
S9648-100	暗	0.214	0.250	0.306	1.042
	明	7.16	7.37	7.39	7.67
CdS	暗	0.236	0.308	0.347	0.881
	明	6.07	6.59	6.68	7.85
		(6.32)	(6.79)	(7.2)	(8)

図3-2-7 光と音で知らせる受信報知器回路

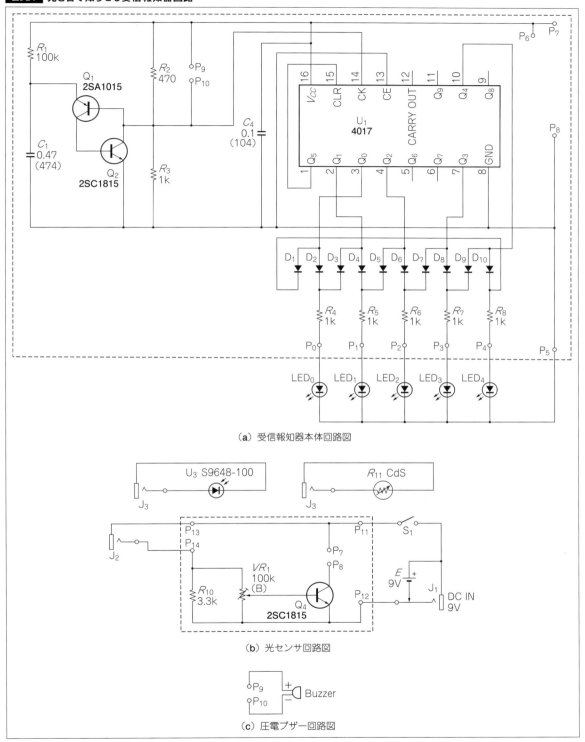

(a) 受信報知器本体回路図

(b) 光センサ回路図

(c) 圧電ブザー回路図

表3-2-4 部品表

部品種類	部品番号	部品名称	仕様・型番			数量
IC	U_1	10進カウンタ	4017	相当品	MC14017, TC4017など(74HC4017は電源電圧が2〜6Vのため不可)	1
		ICソケット	16P			1
トランジスタ	Q_1		2SA1015			1
	Q_2		2SC1815			1
ダイオード	$LED_0 \sim _4$	LED	ϕ5mm			4
	$D_1 \sim _{10}$	汎用小信号	1S2076A	60V150mA	1N4148、1S1588など	10
コンデンサ	C_1	積層セラミック	50V	0.47μF(474)		1
	C_2		50V	0.1μF(104)	バイパス・コンデンサ	1
抵抗器	R_1		1/4W	100kΩ		1
	R_2	カーボン皮膜		470Ω		1
	$R_4 \sim R_8$			1kΩ		6
スイッチ	S_1	トグル	小型	2Pまたは3P	ON-OFFまたはON-ON	1
ピン・ヘッダ	$P_0 \sim P_4$	角ピン・シングルライン	9P	2.54mm		1
	$P_5 \sim P_6$, $P_9 \sim P_{10}$		2P			2
		QIピン・ケーブル	6P		LED接続用	1
		006P用スナップ				1
DCジャック	J_1		ϕ2.1mm	3P		1
		基板	44×39mm	2.54mm	17×15穴	1
		ケース	W65×H38×D100mm		XD-9(サトー電気)	1
ネジ		タッピング	なべ	M3	30mm	4
		ビニル線		M2.3	6mm	2
線材		熱収縮チューブ	赤/白または赤/黒		約30cm	1
					少々	1

部品種類	部品番号	部品名称	仕様・型番			数量
センサ	U_3	フォトICダイオード	S9648-100	相当品	選択	1
	R_{11}	CDSセル	ϕ5mm			1
トランジスタ	Q_4		2SC1815			1
抵抗器	R_{10}	カーボン皮膜	1/4W	3.3Ω		1

部品種類	部品番号	部品名称	仕様・型番			数量
ブザー		圧電	ϕ20〜40mm			1
ピン・ヘッダ		QIピン	2P	2.54mm		1

部品種類	部品番号	部品名称	仕様・型番			数量
IC	U_3	オルゴール	UM66T	相当品		1
トランジスタ	Q_3		2SC1815			1
抵抗器	R_9	カーボン皮膜	1/4W	1kΩ		1
ピン・ヘッダ		QIピン・ケーブル	2P	2.54mm		1
スピーカ	SP		ϕ20mm	8Ω		1
		固定板				1
ネジ			なべ		8mm	1
		ワッシャ		M2		1
		ナット				1
		タッピング	なべ	M2.3	6mm	2
線材		ビニル線	赤/白または赤/黒		約10cm	1

で，定格内となっています．

● **受信報知機の回路**

　図3-2-7が受信報知器の完成した回路です．ま

図3-2-8 部品面から見た部品配置と配線

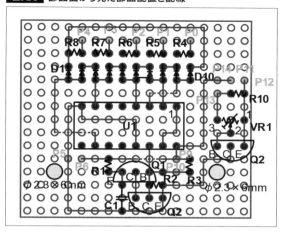

写真3-2-3 完成した基板

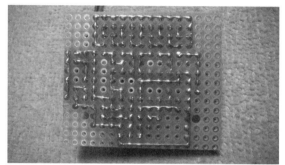

写真3-2-4 基板裏側の配線のようす

た，**表3-2-4**が部品表となります．すべての使用している部品は，サトー電気や秋月電子通商で購入することができます．基板のはんだ付けは，部品面から見た部品配置と配線(**図3-2-8**)と実体配線図(**図3-2-9**)，完成した基板(**写真3-2-3**)と基板裏側(**写真3-2-4**)の写真を参考にしてください．

図3-2-9 実体配線図

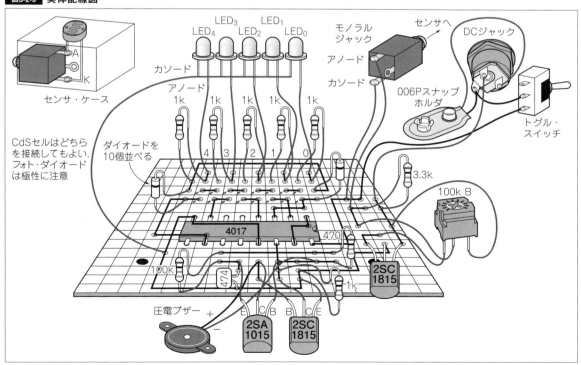

3-2 光と音で知らせる受信報知器を作る

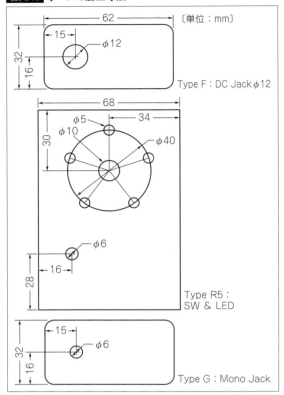

図3-2-10 ケースの加工寸法

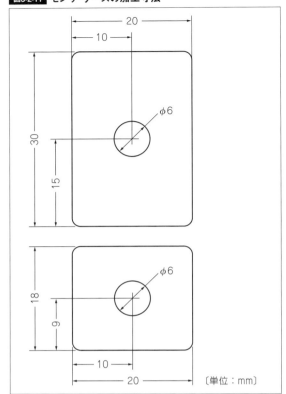

図3-2-11 センサ・ケースの加工寸法

写真3-2-5 加工したケース

写真3-2-6 光センサと加工したケース

製　作

● ケースを加工する

　サトー電気で購入した樹脂製ケース（XD-9）を加工します．ケース図面（**図3-2-10**）とセンサ・ケース図面（**図3-2-11**），加工したケース（**写真3-2-5**）を参考にしてください．

　ケースの上カバーにLED用の穴を5個あけます．LEDをはめ込む穴位置は，ケース図面（**図3-2-11**）を参考にして，印刷または手書きで実寸サイズのテンプレートを作成し，貼り付けるときれい

78　3章　アマチュア無線お役立ち工作編

に仕上がります．

　個々の穴は，φ2mmであけた後に，実装するLEDを当てながら，ヤスリやリーマーなどで少しずつ大きくしていきます．LEDはφ5mmでも種類により形状が異なり，微妙にサイズが違ってきます．焦らずゆっくりと作業することが重要です．

　トグル・スイッチ用にφ6mmの穴をあけます．圧電ブザー用に，圧電ブザーのサイズによりφ10～20mmの穴をあけます．006Pを収納するため，下カバーにある8個の基板取り付けボスのうちの2個を削り取ります．前面パネルに，モノラル・ジャック用の穴φ6mmをあけます．背面パネルに，DCジャック用の穴φ12mmをあけます．

　使用部品と実装時の注意として，コンデンサや抵抗器とトグル・スイッチが，接触しないように配置する必要があります．詳細は図面を参照しながら，トグル・スイッチの高さや各穴位置を調整してください．

　光センサのケースも加工します(**写真3-2-6**)．

● 基板に実装する

　片面2.54mmピッチの万能基板17×15穴(44×39mm)に実装します．また，コンデンサと抵抗器の切断したリード線を利用して配線します．**写真3-2-3**，**写真3-2-4**も参考にしてください．

　積層セラミック・コンデンサから，はんだ付けをします．抵抗器とダイオードをはんだ付けします．半固定抵抗器をはんだ付けします．トランジスタを，種類と向きを間違えないようにはんだ付けします．

　ICソケットは，一度にすべてのピンをはんだ付けせず，対角線に位置する1番ピンと16番ピンを固定し，基板から浮いていないことを確認してからほかのピンをはんだ付けするときれいに仕上がります．

　ピン・ヘッダをはんだ付けします．基板からビニル線で，トグル・スイッチとDCジャックへ配線します．圧電ブザーとモノラル・ジャックにはQIピンを使用していますが，直接はんだ付けしてもかまいません．

● ケースへの部品取り付け

　最初に，LEDのアノード側にQIピン・ケーブ

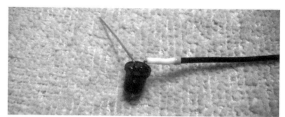
写真3-2-7 LEDの加工

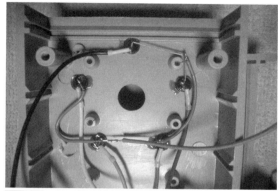
写真3-2-8 LEDの取り付け

写真3-2-9 圧電ブザーの固定

ルをはんだ付けし，熱収縮チューブを被せます(**写真3-2-7**)．QIピン・ケーブル色をカラー・コードに対応させるとわかりやすくなります．

　ケースの上カバーに，トグル・スイッチとLEDを5個取り付けます．**写真3-2-8**のように，LEDのカソード側リードを，圧電ブザーが入るように丸くつなげてはんだ付けします．

　写真3-2-9のように，圧電ブザーをタッピング・

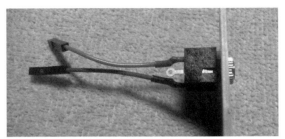

写真3-2-10 モノラル・ジャックの取り付け

写真3-2-12 センサ・ケース内

写真3-2-13 完成したセンサ部分

製作の確認をする

回路図と基板などの配線に，間違いがないことを確認してください．そして，動作の確認と調整は次のように行いますが．ただし，半固定抵抗器VR_1を時計回り最大に設定はしないでください．

- 本体ケースを開けた状態で，本体のモノラル・ジャックとセンサのモノラル・ジャックを接続．
- 半固定抵抗器VR_1を，反時計回りにいっぱいに設定．
- 電源をONに．
- センサに光を当て，半固定抵抗器VR_1を時計回りに回し（最大にはしない）動作確認をします．
- 無線機の受信ランプやスマートフォンの着信ランプに，センサを固定します．
- 受信や着信した状態になると動作するように，半固定抵抗器VR_1を調整．

以上で動作確認と調整は完了です．

写真3-2-11 ケース内に基板を固定

ネジ（M2.3×6mm）で固定します．前面パネルに，モノラル・ジャックを取り付けます（**写真3-2-10**）．

基板はタッピング・ネジ（M2.3×6mm）で固定します．基板取り付け後，**写真3-2-11**のように，QIピン・ケーブルのカラー・コードと4017のピン・アサインを確認しながら，ピン・ヘッダへ固定していきます．

背面パネルにDCジャックを取り付けます．ネジの緩み止めボンドなどで，スイッチとLED，モノラル・ジャックとDCジャックを固定しておきます．

次に，光センサとモノラル・ジャックを空中配線ではんだ付けします（**写真3-2-12**）．モノラル・ジャックを取り付けてから，光センサを表側から挿入します．フォト・ダイオードの場合は，アノード側をチップ（信号線）端子に固定します．さらに，カソード側のリードを曲げてスリーブ（GND）端子にはんだ付けします．CdSセルはどちらのリードを接続してもかまいません．これでセンサ部分も完成です（**写真3-2-13**）．

電子オルゴールを別基板化しておくわけ

電子オルゴール回路ですが，作っておくと本書

図3-2-12 電子オルゴールの製作回路

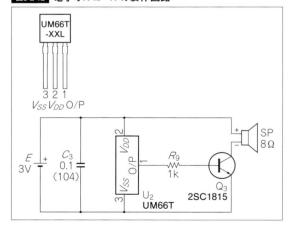

の製作集のほかの部分にも応用できるので，何かと便利です．そこで，電子オルゴールは別基板化して製作します．

図3-2-13 電子オルゴールの部品面から見た部品配置と配線図

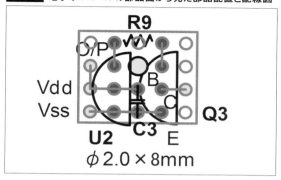

● 電子オルゴール基板の製作

図3-2-12が電子オルゴールの回路です．また，**図3-2-13**が部品面から見た部品配置と配線図です．また，**写真3-2-14**～**写真3-2-17**が，完成した基板やケースに固定したようすですので，参考にしてください．

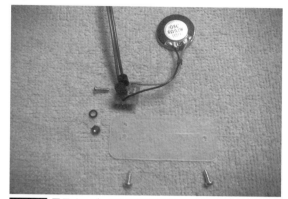

写真3-2-16 電子オルゴール取り付け部品

写真3-2-14 電子オルゴールの完成した基板

写真3-2-15 子オルゴール基板裏側

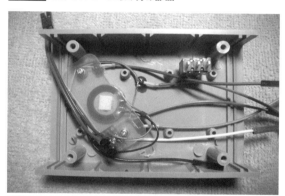

写真3-2-17 電子オルゴールを固定

Column　時計回り最大

図3-2-5と図3-2-6の回路ですが，抵抗器 R_{10} 間の電圧は，表3-2-3のように約6～8Vになります．半固定抵抗器 VR_1 を時計回り最大にしたときは，トランジスタ Q_4 のベース抵抗が約0Ωとなり，ベース電流が制限されずに一気に流れ込みます．回路図でセンサの替わりに短絡させてみると，電源と直結しているのがわかると思います．試しに，ジャンパ・ピンで短絡させ半固定抵抗器 VR_1 を時計回り最大にすると，トランジスタ Q_4 が次第に熱くなります．すぐに停止すれば，壊れることはないと思いますが注意は必要です．

抵抗器 R_{10} と半固定抵抗器 VR_1 の間に，数kΩの抵抗器を入れておくことが安全です．

3-3 LED表示Sメータを作る

アマチュア無線の交信では，シグナル・レポートを交換します．このレポートの中に，信号強度(Signal Strength)があり1〜9の数字で表します．この信号強度を表示するメータがSメータです(Column参照)．通常，受信機のSメータ値を報告しますが，受信機のSメータが表示している電波の強さは，使用するアンテナや無線機の機種，周囲の状態により影響されるので，あくまでも目安となるものです．また，メータがない機種では，主観的に決めて報告します．これは，「耳S」ともいわれています．

Sメータの振れには，メーカーや無線機(リグ)でバラつきがあります．しかし，電界強度計などの測定器ではありませんので，その無線機の受信特性(リグの個性)だと筆者は考えています．

ところで，「3-1 LED表示電圧計」では，入力電圧に比例してLEDが点灯するドット/バー・ディスプレイドライバIC LM3914を使って，10段階のデジタル電圧計を製作しました．一方で，LM3915は，入力電圧が3dB増加する(約1.4倍)ごとにLEDが点灯するドライバICです．このドライバICを使って，個性的なLED表示Sメータを製作します．

ドット/バー・ディスプレイ・ドライバIC LM3915で作る

ドット/バー・ディスプレイ・ドライバIC LM3915を使って，ビジュアルなLED Sメータを製作します．すぐに製作から始めたいときには，「製作してみよう ●製作する回路」(p.86)から読み進めてください．

● Sメータの動作とは

SメータのSは「Signal Strength」の略で，送信局への受信レポートで使います．図3-3-1は，標準

図3-3-1 Sメータの目盛り

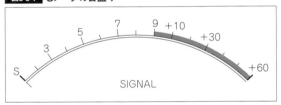

写真3-3-1 ラジケータに目盛りを振ったSメータの例

表3-3-1 Sメータと電圧比

S値	Sメータ値	説明	電圧	電圧比〔dB〕
		9+60dB	100.0mV	60
		9+40dB	10.0mV	40
		9+20dB	1.0mV	20
9	9	きわめて強い信号	100.0μV	0
8	8	強い信号	50.1μV	−6
7	7	かなり強い信号	25.1μV	−12
6	6	適度な強さの信号	12.6μV	−18
5	5	かなり適度な強さの信号	6.31μV	−24
4	4	弱いが受信容易な信号	3.16μV	−30
3	3	弱い信号	1.58μV	−36
2	2	大変弱い信号	0.794μV	−42
1	1	微弱でかろうじて受信できる信号	0.398μV	−48

表3-3-2 SメータとLM3915

S値	Sメータ値	説明	電圧	電圧比〔dB〕	LM3915		LED表示Sメータ	
					LED No.	電圧比〔dB〕	LEDn	電 圧
	9+60dB		100mV	60				
	9+40dB		10mV	40				
	9+20dB		1mV	20	10	3	6	1.413V
9	9	きわめて強い信号	100μV	0	9	0	5	1.000V
					8	−3		
8	8	強い信号	50.1μV	−6	7	−6	4	0.501V
					6	−9		
7	7	かなり強い信号	25.1μV	−12	5	−12	3	0.251V
					4	−15		
6	6	適度な強さの信号	12.6μV	−18	3	−18	2	0.126V
					2	−21		
5	5	かなり適度な強さの信号	6.31μV	−24	1	−24	1	0.0631V
4	4	弱いが受信容易な信号	3.16μV	−30				
3	3	弱い信号	1.58μV	−36				
2	2	大変弱い信号	0.794μV	−42				
1	1	微弱でかろうじて受信できる信号	0.398μV	−48				

的なSメータの表示です．また，**写真3-3-1**はラジケータ・タイプのSメータです．どちらも，メータ表示は，左側の1～9までの数字部分と，右側の+10～+60までのプラス記号が付いた数字部分からできています．数字部分の1ステップは6dBとなっています．6dB=2倍ですので，Sの振れ一つで，信号強度は倍違うことになります．また，プラス記号付き数字部分は，20dB=10倍ですので9のときの信号強度の10倍となります．**表3-3-1**が，「S9」を100.0μVとした場合のS値と電圧比の関係です．

● **基準電圧とLED電流**

データシートからLM3915は3dBステップですので，Sメータの6dBステップを表示させるため，LM3915の11番ピンLED No.9を「S9」とします．**表3-3-2**のアミ掛け部分で示したように，一つおきに選択し最後の1番ピンLED No.1が「S5」となります．

もちろん，途中（−3dB）を表示することは可能です．また，10番ピンLED No.10は，「S9+20dB」でなく「S9+3dB以上」となります．このように設定して，「S5」から「S9+3dB以上」までのLED表示Sメータとします．そして，基準電圧を1.413Vに設定すれば，1.0Vの入力で「S9」を表示するSメータが完成します．

「3-1 LED表示電圧計」でも設計したように，基

表3-3-3 抵抗器R_1と半固定抵抗器VR_1による範囲

VR_1〔kΩ〕	0	5	10
V_{REF}〔V〕	1.25	1.73	4.71
I_{LED}〔mA〕	3.23	3.45	4.84

表3-3-4 LED色と入力電圧

S 値	色	LED_n	電 圧（V）		
S9+3dB以上	赤	6	1.413	2.826	4.239
9	緑	5	1.000	2.000	3.000
8	緑	4	0.501	1.002	1.503
7	緑	3	0.251	0.502	0.753
6	緑	2	0.126	0.252	0.378
5	黄	1	0.0631	0.126	0.189

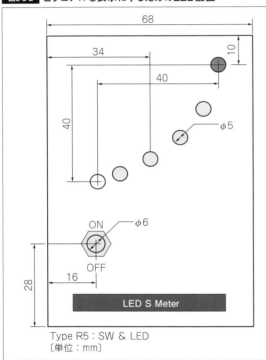

図3-3-2 ビジュアルな表示にするためのLED配置

Type R5：SW & LED
〔単位：mm〕

$$V_{REF}〔V〕=1.25〔V〕\left(1+\frac{VR_1〔Ω〕}{R_1〔Ω〕}\right)+VR_1〔Ω〕\times 80〔μA〕$$

$$I_{LED}〔V〕=\frac{1.25V}{R_1〔Ω〕}+\frac{V_{REF}〔V〕}{2.2〔kΩ〕}$$

● ビジュアルなLED表示

そして，ビジュアルなLED表示を考えます．筆

準電圧（V_{REF}）とLEDに流す電流（I_{LED}）は次のようになります．ただし，「S9」の値を変更できるように，半固定抵抗器と組み合わせます．例えば，R_1を4.7kΩと半固定抵抗器VR_1を10kΩとすると，**表3-3-3**の範囲での設定が可能となります．この場合は，基準電圧が約1.3〜4.8V，LED電流は約3〜5mAです．較正時の実測では，1.257〜4.453Vとなりましたので，おおむね設計どおりでした．

シグナル・レポート

アマチュア無線の交信時に，シグナル・レポートを交換します．

一般的に，シグナル・レポートの交換が交信成立の条件といわれています．このシグナル・レポートは，相手の信号がどのように届いているかを数字で表すもので，了解度（Readability）と信号強度（Signal Strength），電信の場合のみ音調（Tone）があります．

了解度(R)	説 明
5	完全に了解できる
4	事実上困難なく了解できる
3	かなり困難だが了解できる
2	かろうじて了解できる
1	了解できない

信号強度(S)	説 明
9	きわめて強い信号
8	強い信号
7	かなり強い信号
6	適度な強さの信号
5	かなり適度な強さの信号
4	弱いが受信容易な信号
3	弱い信号
2	たいへん弱い信号
1	微弱でかろうじて受信できる信号

音調(T)	説 明
9	完全な直流
8	良い直流音で，ほんのわずかリプルが感じられる
7	直流に近い音で，少しリプルが残っている
6	変調された音，少しビューッという音を伴っている
5	音楽的に変調された音色
4	いくらか粗い交流音で，かなり音楽に近い音調
3	粗くて低い調子の交流音で，いくぶん音楽に近い音調
2	たいへん粗い交流音で，音楽の感じは少しもしない音調
1	きわめて粗い音調

図3-3-3 LED表示Sメータ回路図

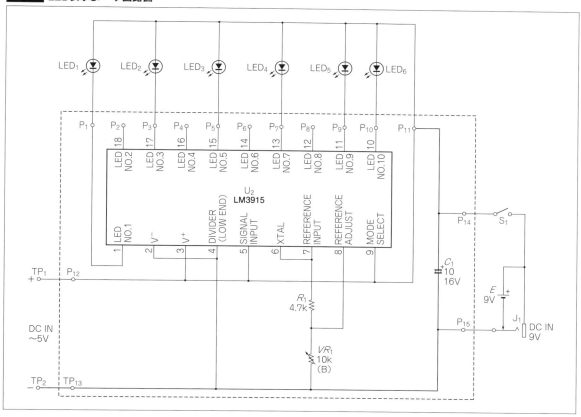

表3-3-5 使用部品一覧

部品種類	部品番号	部品名称	仕様・型番		数量
IC	U_1	ドット/バー・ディスプレイ・ドライバ	LM3915		1
		ICソケット	18P		1
ダイオード	LED_1〜LED_6	LED	色, 拡散, 高輝度, 点滅, 三色イルミネーションは好みで		6
コンデンサ	C_1	電解	16V		1
抵抗器	R_1	カーボン皮膜	1/4W		1
	VR_1	半固定	B		1
スイッチ	S_1	トグル	小型基板用	ON-OFFまたはON-ON	1
ピン・ヘッダ	P_1〜P_{11}	角ピン・シングルライン	11P		1
		QIピン・ケーブル	11P	LED接続用	1
陸軍ターミナル	TP_1		小		1
	TP_2				1
006P用スナップ					1
DCジャック	J_1		φ2.1mm		1
基板			44×39mm	17×15穴	1
ケース			W65×H38×D100mm	XD-9(サトー電気)	1
ネジ		タッピング	なべ	30mm	4
				6mm	2
線材		ビニル線	赤/白または赤/黒	約30cm	1
		熱収縮チューブ		少々	1

3-3 LED表示Sメータを作る

図3-3-4 部品面から見た部品配置と配線図

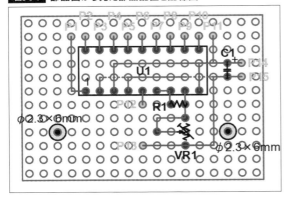

者は，LED色を**表3-3-4**，配置を**図3-3-2**のようにしました．LEDが1個点灯するごとに2倍となっていくので，指数曲線をイメージしてみましたが，好みがあると思いますので，いろいろなデザインを試してみてください．

製作してみよう

● 製作する回路

以上のことを考慮して製作するLED表示電圧計の回路が**図3-3-3**です．また，**表3-3-5**が部品表です．すべての使用部品は，サトー電気や秋月電子通商で購入することができます．

基板のはんだ付けは，部品面から見た部品配置と配線図（**図3-3-4**）と実体配線図（**図3-3-5**），完成した基板（**写真3-3-2**）と基板裏側（**写真3-3-3**）の写真を参考にしてください．

片面2.54mmmピッチの万能基板17×12穴（44×31mm）に実装します．また，コンデンサと抵抗

図3-3-5 実態配線図

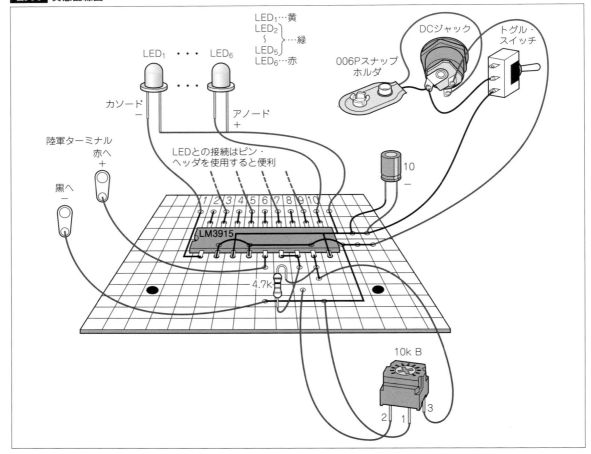

写真3-3-2 完成した基板

写真3-3-3 基板裏側

図3-3-6 ケースの加工寸法

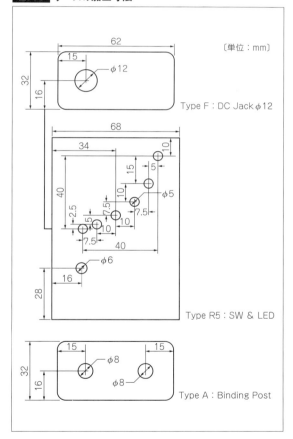

写真3-3-4 加工したケースのようす

器の切断したリード線を利用して配線します．

ICソケット下のジャンパ線から，はんだ付けをします．次に抵抗器と電解コンデンサをはんだ付けします．

最後に半固定抵抗器を，向きを間違えないようにはんだ付けします．

ICソケットは，一度にすべてのピンをはんだ付けせず，対角線に位置する1番ピンと18番ピンを固定し，基板から浮いていないことを確認してからほかのピンをはんだ付けするときれいに仕上がります．

ピン・ヘッダをはんだ付けして基板は完成です．

● ケースを加工する

サトー電気で購入した樹脂製ケース（XD-9）を加工します．**図3-3-6**のケース図面と加工したケース（**写真3-3-4**）の写真を見ながら，ケース加工

写真3-3-5 LEDの取り付け

について解説します。

　ケースの上カバーにLED用の穴を6個あけます。LEDをはめ込む穴位置は，ケース図面（**図3-3-6**）を参考にして，印刷または手書きで実寸サイズのテンプレートを作成し，貼り付けるときれいに仕上がります。

　個々の穴は，φ2mmであけた後に，実装するLEDを当てながら，ヤスリやリーマなどで少しずつ大きくしていきます。LEDはφ5mmでも種類により形状が異なり，微妙にサイズが違ってきます。あせらずゆっくりと作業することが重要です。

　トグル・スイッチ用に，φ6mmの穴をあけます。006Pを収納するため，下カバーにある8個の基板取り付けボスのうちの2個を削り取ります。

　前面パネルに，陸軍ターミナル用の穴φ8mmをあけます。背面パネルに，DCジャック用の穴φ12mmをあけます。

　これでケース加工は終了です。

● 使用部品と実装時の注意

　コンデンサや抵抗器とトグル・スイッチが，接触しないように配置する必要があります。詳細は**図3-3-6**を参照してください。陸軍ターミナルとトグル・スイッチが接触しやすいので，一度部品を仮組みして位置関係を調整してください。

● ケースへの部品取り付け

　基板からビニル線で，トグル・スイッチ，陸軍ターミナル，DCジャックへ配線します。

　ケースの上カバーに，トグル・スイッチとLED

写真3-3-6 ケース内に基板を固定

を6個取り付けます。**写真3-3-5**のように，LEDのアノード側リードをすべて接続します。各カソード側は，QIピン・ケーブルを取り付け熱収縮チューブで保護しています。このとき，QIピン・ケーブル色をカラー・コードに対応させるとわかりやすくなります。

　写真3-3-6のように，基板はタッピング・ネジ（M3-3×6mm）で固定します。基板取り付け後，**写真3-3-7**のように，QIピン・ケーブルのカラー・コードとLM3915のピン・アサインを確認しながら，ピン・ヘッダへ固定していきます。

　前面パネルに陸軍ターミナルを取り付けます。背面パネルにDCジャックを取り付けます。ネジの緩み止めボンドなどで，スイッチとLED，陸軍ターミナル，DCジャックを固定しておきます。

　最後に，各種ラベルを貼り付けて完成です。

動作試験と較正

　回路図と基板などの配線に，間違いがないことを確認してください。「3-1 LED表示電圧計」とほぼ同じ回路ですので，較正も同じ要領で行います。また，入力用の陸軍ターミナルに何も接続しないで電源をONすると，すべてのLEDが点灯します。これは，LM3915の入力端子がオープンであるため電圧が特定できず，ドライバICの内部回路と関

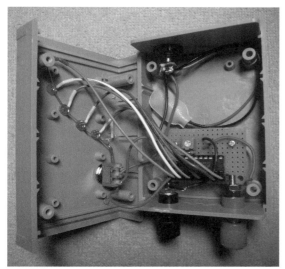

写真3-3-7 QIピンを接続

連して起きます．試しに，陸軍ターミナルのつまみをはずし，赤と黒の端子を手で触れてみると，点灯するLEDが変化します．

もちろん，電池をボリュームなどで分圧して陸軍ターミナルに接続すると，期待したとおりに点灯します．基板には，まだ空きがありますので，ラジオなどのAGCから取り出した電圧を増幅する回路を実装してみるのもいいと思います．

- 電源をONに．
- LM3915の7番ピンREFERENCE INPUTとGND間の電圧（基準電圧）を測定．
- 半固定抵抗器VR_1を調整して「S9」を1.0Vにするときは，基準電圧を1.413Vに設定（表3-3-4参照）．

以上で較正も完了ですので，お手持ちのリグのSメータ回路に接続して動作させてください．

S4以下の表示が必要であれば，データシートにあるようにLM3915を2個連結することにより実現できます．

本製作もマイコンを利用して，Arduino UNOのスケッチやPICのプログラミングで製作してみてはいかがでしょうか．

部品入手方法

筆者は，店頭や通販で購入するいずれの場合でも，部品表を作成し回路図と照合しています．それは，細心の注意で記載されているとしても，部品表や回路図に誤りが含まれている可能性があるからです．また，店頭でその部品表を見ながらお店の人と会話もできますし，部品表を渡して部品集めをお願いすることもできます．さらに，インターネットで調べたときには，商品番号も書いておくと，店頭での間違いを防ぐことができますのでお勧めします．

ところで，製作に使った部品は，一般的に入手できる汎用部品を使用しています．樹脂製ケース「XD-9」や基板を含むほとんどの部品は，サトー電気から購入することができます．

また，白色LEDドライバIC「CL0117」，低損失三端子レギュレータIC「XC6202P332TB」，フォトICダイオード「S9648」，マイコン「Arduino UNO」と「PIC16F1827」などの部品は，秋月電子通商などの他店で購入することができます．本書で，製作のために購入した部品店を掲載しておきますので，参考にしてください．

◆部品店一覧
- サトー電気，http://www.maroon.dti.ne.jp/satodenki/（2015年3月22日アクセス）
- 秋月電子通商，http://akizukidenshi.com/catalog/（2015年3月22日アクセス）
- 千石電商，http://www.sengoku.co.jp/（2015年3月22日アクセス）
- マルツ，http://www.marutsu.co.jp/（2015年3月22日アクセス）
- aitendo，http://www.aitendo.com/（2015年3月22日アクセス）
- シンコー電機（旧エジソンプラザ内），〒231-0025神奈川県横浜市中区松影町1丁目3-7ROCKHILLSⅧ2F，045-662-4791
- ボントン，http://www.bonton-nagoya.com/（2015年3月22日アクセス）
- シリコンハウス/デジット，http://www.kyohritsu.com/（2015年3月22日アクセス）

Column: dB（デシベル）とは

　dB（デシベル）とは，物理量をレベルにより表すときに使用する単位です．物理量をレベルにより表すとは，その物理量を基準とする量の比を，対数で表した値となります．底が10の常用対数により，レベルを表す単位がベル（bel, [B]）で，その1/10（deci, [d]）がデシベル（decibel, [dB]）です．通常使用する2～10倍が0.3～1.0[B]の小数となり，わかりにくく使いづらいため，単位を1/10（デシ）にし値を10倍にして，3～10[dB]として使います．

● 電力比

　電波の強さや音の大きさなどでは，電力量をあらわす単位として一般的にdBが用いられます．すなわち，電力の入出力比を常用対数で表しています．

　入力電力をP_{IN}，出力電力をP_{OUT}とすると，その電力比G_Pは次式になります．

$$G_P[\mathrm{dB}] = 10\log\left(\frac{P_{OUT}}{P_{IN}}\right)[\mathrm{dB}]$$

たとえば，出力が10倍とは，

$$G_P[\mathrm{dB}] = 10\log\left(\frac{10}{1}\right) = 10\log 10$$
$$= 10 \times 1 = 10[\mathrm{dB}]$$

です．

● 電圧比

　また，電圧比のときには，

$$P = IV = \frac{V^2}{R}$$

から電力比の平方根に比例しますので，入力電圧をV_{IN}，出力電圧をV_{OUT}とすると，その電圧比G_Vは次式になります．

$$G_V[\mathrm{dB}] = 20\log\left(\frac{V_{OUT}}{V_{IN}}\right)[\mathrm{dB}]$$

　例えば，オーディオ・アンプではゲインを電圧比で表します．ゲイン10倍とは，

$$G_V[\mathrm{dB}] = 20\log\left(\frac{10}{1}\right)$$
$$= 20\log 10 = 20 \times 1 = 20[\mathrm{dB}]$$

となります．

基準を決める

　ところで，10dBといっても1の10倍か，0.1の10倍かで大きく異なりますから，基準を決めておくと便利です．また，dBを「デシベル」と読まずに「デービー」と読む人も多いと思います．dBmは「デービーエム」，dBiは「デービーアイ」です．

● dBmとdBμ

　放送電波などは，1mWや1μWを単位とすることがあります．1mWを基準にした単位がdBm，1μWを基準にした単位dBμとなります．例えば，2mWをdBm表示すると，

$$G_P[\mathrm{dBm}] = 10\log\left(\frac{2[\mathrm{mW}]}{1[\mathrm{mW}]}\right) = 10\log 2$$
$$= 10 \times 0.30103 \approx 3[\mathrm{dBm}]$$

ます．また，10mWをdBm表示では，

$$G_P[\mathrm{dBm}] = 10\log\left(\frac{10[\mathrm{mW}]}{1[\mathrm{mW}]}\right) = 10\log 10$$
$$= 10 \times 1 = 10[\mathrm{dBm}]$$

となります．

● dBi

　アンテナ利得には，dBiが使われています．アンテナ利得の単位dBiは，完全無指向性の理論的仮想アンテナであるアイソトロピック・アンテナ（Isotropic Antenna）を基準にして得られる「絶対利得」が単位となります．すなわち，アイソトロピック・アンテナを0dBiとする単位であり，指向性が強くなるにつれてアンテナ利得が増加していきます．

● dBd

　dBdは，半波長ダイポール・アンテナを基準にして得られる「相対利得」が単位です．0[dBd] = 2.14[dBi]との関係があります．アマチュア無線のアンテナカタログに記載されているアンテナ利得ですが，昔はdBdでしたが最近はdBiになっています．

3-4 LED表示 ON THE AIR を作る

　放送中に「ON AIR」と赤く点灯するランプをご存じですか．テレビ局やラジオ局などのスタジオでおなじみのあのランプです．アマチュア無線の交信中に，「ON AIR」や「ON THE AIR」と点灯させるのは，アマチュア無線家の憧れです．アメリカ雑貨の家庭用インテリア・ライトとしてインターネット通販でも購入でき，メッセージも「ON AIR」，「ON THE AIR」，「OPEN」や「放送中」など，さまざまな種類があるようです．ただし，家庭用電源100V仕様で，電球は100V 15W以下なのです．

　それなりに味がある良い製品ですが，LEDを使って消費電力を減らしたエコ対応や，送信中のみ自動点灯などの機能が欲しくなります．また，狭い片隅のシャックでも，邪魔にならずに点灯するアクセサリならば，さらにエレガントだと思います．

ディスクリート部品で作る

　汎用トランジスタなどのディスクリート部品を使って，LED表示ON THE AIRを製作します．すぐに製作から始めたいときには，「製作してみよう ●製作する回路図」(p.93)から読み進めてください．

● 送信電波を検出する回路

　送信した電波を検出する回路は，電波検出器で定番の倍電圧検波回路(**図3-4-1**)です．ダイオードには，ショットキー・バリア・ダイオードを使用します．ゲルマニウム・ダイオードの1N60や1N34Aでもいいのですが，以前CQ ham radio 2015年2月号[注1]の「100円ショップ活用ヒント集」で製作記事とした電波検出器にバッテリ・チェッカーのラジケータを使用したとき，ほとんど反応しませんでした．もちろん，筆者が愛用しているサトー電気のラジケータでは，問題なく稼働します．

　そこで，ゲルマニウム・ダイオードをショットキー・バリア・ダイオード1SS108に変更すると，バッテリ・チェッカーのラジケータでもそれなりに稼働しました．ショットキー・バリア・ダイオードの実力には驚きです．

● LEDを点灯する回路

　430MHz帯5W出力送信で，約20cmのリード線アンテナの倍電圧検波回路(**図3-4-1**)で検出した

図3-4-1 倍電圧検波回路

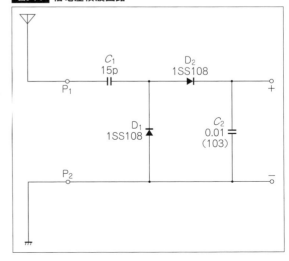

注1：CQ ham radio 2015年2月号 pp.60 「V/UHF帯 簡易電波検出器」

図3-4-2 LEDを点灯する回路

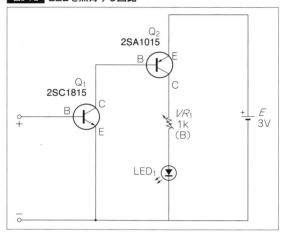

電圧は，トランシーバとの距離が数十cm前後，専用アンテナなどを工夫すれば数mまで，LEDを点灯させることは可能です．アンテナの指向性や垂直水平偏波を，目で見る電波検出器として使用するのであれば十分です．

しかし，LED表示サイン・ランプとして使用するため，トランジスタをスイッチとして使って，より大きな電流を流す回路でLEDを点灯します（**図3-4-2**）．また，LEDの輝度を調整するため，半固定抵抗器で電流を制御します．

トランジスタQ_1とQ_2のベース電流制御抵抗器がありませんが，**図3-4-1**の倍電圧検波回路で得られる電流は，制御抵抗器が必要でないくらいに小さいため省略しています．また，LEDを交換できるように2Pソケットを使用します．

● メッセージの表示方法

ケースの前面パネルと同じ大きさのメッセージ・パネル（**図3-4-3**）を作製します．そして，**写真3-4-1**のように取り付けたLEDをメッセージ・パネルのケース溝に挟み込み，パネルの裏側から

Column 「ON AIR」と「ON THE AIR」

以前Facebookの筆者が所属するグループでも，ON AIRランプが話題になったことがあります．同時に，放送中という意味で使われている「ON AIR」は誤りで，「ON THE AIR」が正しいという話題もありました．

また，JJ1GRK 高木誠利氏がブログ注2で，空へ電波を発射するという意味が「On the air」で，世間に向けて一般的な放送中という意味が「On air」であると書いています．筆者もそのように感じています．だとすれば，アマチュア無線の交信中は「ON THE AIR」になるのでしょうか．

参考までに，インターネットの各翻訳では，次のようになります．

Google翻訳

原 語	翻 訳
On air	オン・エア
On the air	オン・エア
オン・エア	On the air
Broadcast	ブロードキャスト

エキサイト翻訳

原 語	翻 訳
On air	空気について
On the air	空気について
オン・エア	Broadcast
ブロードキャスト	Broadcast

Yahoo!翻訳

原 語	翻 訳
On air	空気の上で
On the air	放送されている
オン・エア	Airing
放送中	On air
On air	放送の

Nifty翻訳

原 語	翻 訳
On air	放送にされる
On the air	放送にされる
On air.	放送して
オン・エア	Be on the air
放送中	It is broadcasting.

注2：http://homepage3.nifty.com/jj1grk/on-air2.htm

図3-4-3 メッセージ・パネル
パネル形式にすることで,メッセージの入れ替え変更を容易にできる

写真3-4-1 メッセージを照らすLED

写真3-4-2 メッセージ・パネルを挟み込むように加工することで,パネルを簡単に交換できる.パネルの加工については後述

照らします(**写真3-4-2**).この方法なら,さまざまなメッセージ・パネルを作成できますので,ON AIRのみでなく,必要なメッセージの表示器にすることができます.メッセージ・パネルの作製については,後述の「メッセージ・パネルを加工する」で説明します.

● 外部電源

図3-4-4が,低損失三端子レギュレータ(**写真3-4-3**)を使った外部電源回路です.

LED表示ON THE AIRでは,単4電池を2本使

図3-4-4 外部電源回路

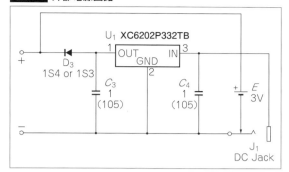

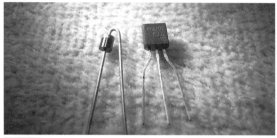

写真3-4-3 ショットキー・バリア・ダイオードと低損失3端子レギュレータ

用しますので,3.0Vが必要です.電池は回路に直接接続し,ACアダプタは三端子レギュレータ経由で接続します.ただし,ACアダプタを使用しないとき,電池から三端子レギュレータへの逆流を防止するため,ダイオードを挿入します.そのため,ダイオードの順方向電圧ぶん降下します.1N4007などの整流用シリコン・ダイオードでは,約0.6V降下しますので,3Vを得るには3.6Vが必要となります.しかし,1S3や1S4などの整流用ショットキー・バリア・ダイオードでは,約0.3Vの降下ですので,入手しやすい3.3Vのレギュレータが使用できます.

製作してみよう

● 製作する回路

図3-4-5がLED表示ON THE AIRの製作する回路です.また,**表3-4-1**が部品表となります.すべての使用している部品は,サトー電気や秋月電子通商で購入することができます.

基板のはんだ付けは,部品面から見た部品配置と配線図(**図3-4-6**)と実体配線図(**図3-4-7**),完成

図3-4-5 LED表示ON THE AIRの回路

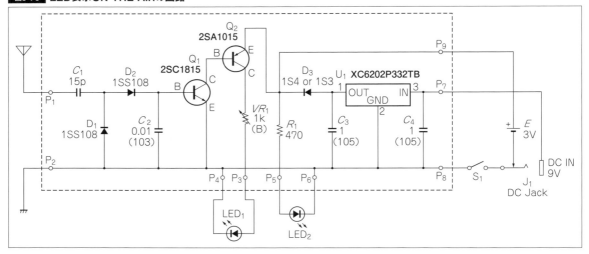

表3-4-1 使用部品一覧

部品種類	部品番号	部品名称	仕様・型番			数量
IC	U1	低損失三端子レギュレータ	XC6202P332TB	3.3V150mA		1
トランジスタ	Q1		2SC1815			1
	Q2		2SA1015			1
ダイオード	D1, D2	ショットキー・バリア	1SS108または1SS106			2
	D3	整流用ショットキー・バリア	1S4または1S3			1
	LED1	LED		φ5mm	高輝度赤	1
	LED2			φ3mm	橙拡散	1
コンデンサ	C1	セラミック		15pF		1
	C2	積層セラミック		0.01μF(103)		1
	C3, C4			1μF(105)		2
抵抗器	R1	カーボン皮膜	1/4W	470Ω		1
	VR1	半固定	B	1kΩ		1
スイッチ	S1	トグル	小型	2Pまたは3P	ON-OFFまたはON-ON	1
ICソケット	P3, P4	丸ピン	2P		LED接続用	1
電池ホルダ			単4電池×2			1
DCジャック	J1		φ2.1mm	3P		1
コネクタ			SNA			1
端子		圧着	1.25-6			1
基板			44×23mm	2.54mm	17×9穴	1
ケース			W65×H38×D100mm		XD-9（サトー電気）	1
ネジ		タッピング	なべ	M3	30mm	4
				M2.3	6mm	2
線材		ビニル線	赤/白または赤/黒		約30cm	1
		熱収縮チューブ			少々	1
ラベル用紙		ホワイト・フィルム	手作りステッカ用		エーワンなど	1
透明板		プラスチック	t1mm		塩ビなども可	1

した基板（**写真3-4-4**）と基板裏側（**写真3-4-5**）の写真を参考にしてください．また，メッセージ・パネルはケースの前面パネルと同じ大きさで，LEDの光を通すようにフィルム・ラベル用紙に印刷します（製作方法は後述）．

使用部品の実装時の注意としてコンデンサや抵

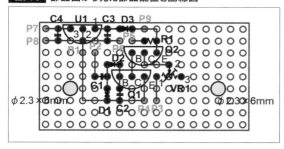

図3-4-6 部品面から見た部品配置と配線図

写真3-4-4 完成した基板

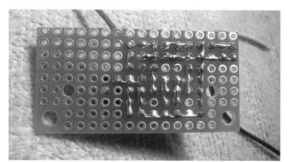

写真3-4-5 基板裏側

抗器とトグル・スイッチが，接触しないように配置する必要があります．詳細は図面を参照してください．

● **ケースの加工**

ケースの加工は**図3-4-8**と加工が終わったケース(**写真3-4-6**)の写真を参考に行います．ケースはサトー電気で購入した樹脂製ケースを加工しました．

● **使用部品と実装時の注意**

まずケースの上カバーにSMAコネクタ用の穴

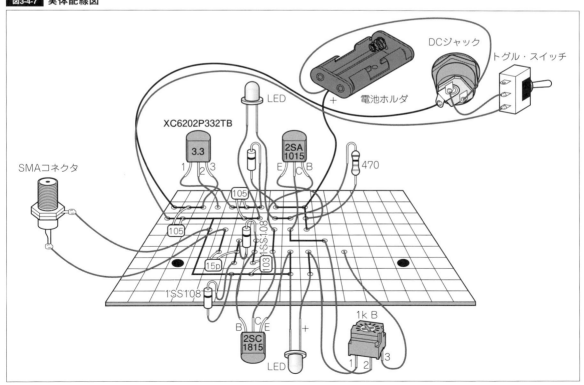

図3-4-7 実体配線図

3-4 LED表示ON THE AIRを作る

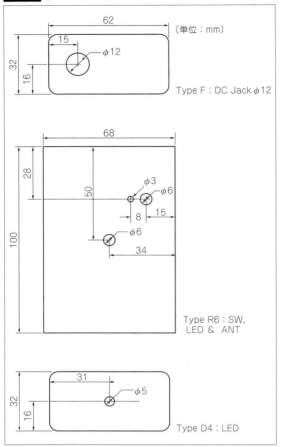

図3-4-8 ケースの加工寸法

写真3-4-6 加工したケース

写真3-4-7 加工が終了したパネル

をあけます．続いてトグル・スイッチ用にφ6mmの穴をあけます．電源ONを確認するためのLED用に穴をあけます．φ2mmであけた後に，実装するLEDを当てながら，ヤスリやリーマなどで少しずつ大きくしていきます．LEDはφ3mmでも種類により形状が異なり，微妙にサイズが違ってきます．焦らずゆっくりと作業することが重要です．

電池ホルダを収納するため，下カバーにある8個の基板取り付けボスのうち2個を削り取ります．前面パネルに，点灯用LEDを通す穴φ5mmくらいをあけます．この穴は，使用するLEDより少し大きめにして，基板上の2ピンICソケットにLEDを挿入しやすくしておきます．また，前面パネルは一つ奥の溝に挟み込みます（**写真3-4-1**）．

背面パネルに，DCジャック用の穴φ12mmをあけてケースは完成です．

● メッセージ・パネルを加工する

ケース前面パネルと同じ大きさ（32×62mm）に，VisioやExcelなどを使ってメッセージをデザインしてください．

まず，手作りステッカ用のホワイト・フィルム用紙に印刷します．プラスチック板に気泡が入らないように貼り付けます．そのあと，カッター・ナイフで切り取ります（**写真3-4-7**）．

● 基板に実装する

片面2.54mmピッチの万能基板17×9穴（44×

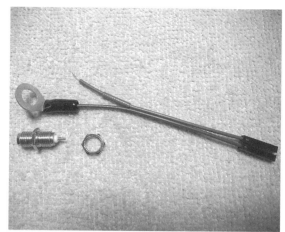

写真3-4-8 SMAコネクタの取り付け

23mm）に実装します．また，コンデンサと抵抗器の切断したリード線を利用して配線してください．

まず，抵抗器とコンデンサをはんだ付けします．半固定抵抗器を，向きを間違えないようにはんだ付けします．三端子レギュレータとトランジスタも，向きを間違えないようにはんだ付けします．

2ピンICソケットをはんだ付けします．基板からビニル線で，トグル・スイッチとLEDへ配線します．

背面パネルにDCジャックを取り付けた後，基板からビニル線で電池ボックスとDCジャックへ

写真3-4-9 ケース内に基板を固定

配線します．

写真3-4-8のように，圧着端子にビニル線を圧着またははんだ付けし，熱収縮チューブなどで保護しておきます．ただし，この段階では，基板とビニル線のはんだ付けのみで，SMAコネクタのターミナル・ピンにははんだ付けをしないでください．

● ピン・ヘッダとQIピン付きケーブルの利用

写真3-4-4では，SMAコネクタと電源ON確認用LEDの接続に，ピン・ヘッダを利用しています．

Column ピン・ヘッダとQIピン付きケーブル

筆者は，サトー電気で販売しているQIピン付きケーブル（20cm）を，適当な長さに切断して使用しています（**写真 3-4-A**）．

コネクタやLEDなどの部品とあらかじめはんだ付けしておき，基板上に立てたピン・ヘッダとケース実装時に接続することができます．また，折れやすい接続部分は熱収縮チューブで保護しています．ケースに組み込む前の事前確認や，ブレッドボードと併用するときに便利ですのでお勧めです．

なお，QIピンがメス-メス，メス-オス，メ

写真3-4-A ピン・ヘッダとQIピン付きケーブル

ス-オスの3種類ありますので，用途応じて使い分けできます．

ピン・ヘッダは，ケースに組み込む前に基板上でテストや測定をするときに役立ちます．

● ケースへの部品取り付け

ケースの上カバーに，SMAコネクタ，トグル・スイッチとLEDを取り付けます．基板取り付け前に，SMAコネクタのターミナル・ピンをはんだ付けし，熱収縮チューブで保護します．

写真3-4-9のように，基板をタッピング・ネジ（M2.3×6mm）で固定します．前面パネルに，LEDを通し基板の2ピンICソケットに差し込みます．

極性がありますので，アノードとカソードを間違えないように取り付けてください．前面パネルは，一つ奥の溝に挟み込みます．

背面パネルを取り付け，ネジの緩み止めボンドなどで，スイッチとLED，SMAコネクタ，DCジャックを固定しておきます．

写真3-4-10のように，メッセージ・パネルを装着します．

最後に，各種ラベルを貼り付けて完成です．

写真3-4-10 メッセージ・パネルを装着

調整をする

回路と基板などの配線に，間違いがないことを確認してください．それでも細かな間違いは発生します．筆者は，**図3-4-7**の実体配線図まで正しかったのですが，ケースに実装するとき，トグル・スイッチの接続をプラス電源で接続してしまいました．**写真3-4-9**の配線を見るとわかると思います．

これでは，ACアダプタを使うときには電源をOFFすることができますが，電池を使用した場合には常に電源ONになってしまいます．

実際に，電池で確認したときに気がつきました．**図3-4-4**の外部電源回路で使用するときには，マイナス電源側にスイッチが入りますので注意してください．

試験電波を送信して調整をします．ものづくりをするときに自分で電波を出せることは，アマチュア無線の醍醐味の一つです．ただし，周辺地域や交信している局に迷惑をかけないように，必ずアマチュア無線のルールを守り電波を送信してください．

- 電源をONに．
- 試験電波を送信し，LEDの明るさを見ながら，半固定抵抗器VR_1を調整．

以上で調整完了です．

メッセージ・パネルやLEDの種類を変えて，用途や好みのサイン・ランプを製作してみてください．

また，SMAコネクタへのアンテナもいろいろと交換するのも面白いと思います．さらに，センサを電波検出器でなく「3-2 光と音で知らせる受信報知器を作る」で使用した光センサや赤外線センサにすることもできますね．

電波検出器の電圧を，Arduino UNOやPICを使ってA/D変換し，LCDに表示するスケッチやプログラミングを製作してみてはいかがでしょう．

LEDチェッカー

LEDは，いろいろな表示ツールとしてシャックで役立っています．高輝度タイプか拡散タイプかを確認するために，LEDチェッカー（定電流回路）を製作しました．ジャンク・ボックスには規格不明のLEDもあり，簡単な回路ですが非常に重宝します．

回路構成は，定番のLM317Tを使用した定電流回路です．入力電圧は，入出力電圧差3〜40Vまでの直流（DC）を，LEDの直列本数を計算し入力可能です．しかし，手軽に入手できるACアダプタの電圧が24Vくらいまでであることから，表示上5〜25V（LED 1〜11本くらいまで）とします．電流は可変抵抗器（ボリューム）で，1.2〜50mAまで設定することができます．

また，50mAの直流電流計は，ラジケータの内部抵抗を測り分流し，専用の目盛りラベルを作成します．ラジケータにより若干バラつきがありますが，思っていたより使えます．LEDとの接続汎用性を考慮し陸軍ターミナルを使用し，ブレッドボードに接続して活用します．

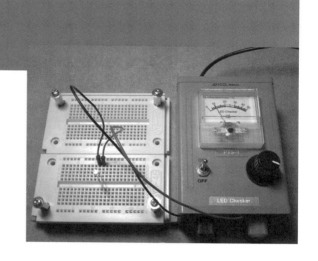

LEDチェッカーの概要

● 仕様

LEDへ適切に流す電流とその輝き方（高輝度タイプか拡散タイプなど）を確認し，実装する抵抗値を決めるために，LEDチェッカー（定電流回路）を作成します．

表3-5-1が製作したLEDチェッカーの仕様です．入力電圧直流電圧5〜25V（LED 1〜11本くらいまで），006Pまたは24VまでのACアダプタ（100mA以上）を使用，プラグ形状φ2.1mm，内側＋出力可変定電流直流1.2〜50mAとしています．

● 定電流回路

定番の可変型三端子レギュレータLM317Tを使用した定電流回路です．

データシートによるとLM317は，出力電圧1.2〜37Vで出力電流1.5Aを供給できる正電圧可変型三端子レギュレータICです．出力電圧は外付けの2個の抵抗で設定することができます．応用面では，OUTピンとADJピンの間に抵抗を入れて高精度な電流源としても使用できます．可変型定電圧電源としての利用が多いと思いますが，今回は可変型定電流電源として使用します．

入出力の電圧差に対してのみ反応するフローティング方式のため，入出力電圧差の規定（絶対最大定格40V）さえ超えなければ，すなわち，出力を短絡させない限り，数百Vの入力電圧にも動作が可能です．

また，大きな出力電流を必要とする場合には，LM350（3A），LM338（5A）が用意されているので，それぞれのデータシートを参照してください．ただし，部品の耐圧と定格電力には，十分ご注意ください．

回路設計の実際

出力電圧を設定する外付け抵抗は，1/4Wカーボ

表3-5-1 製作するLEDチェッカーの仕様

入力電圧	直流電圧5〜25V（LED1〜11本くらいまで）006Pまたは24VまでのACアダプタ（100mA以上）を使用．プラグ形状φ2.1mm（内側＋）
出力可変定電流	直流1.2mAから50mA

3-5 LEDチェッカー

図3-5-1 可変抵抗器(VR_1 1-2端子)の抵抗値による定電流(I_{OUT})の変化

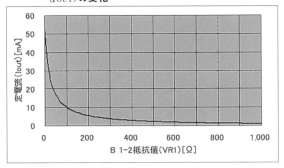

ン皮膜抵抗器24Ωと100～125mWの可変抵抗器1kΩタイプC(Cカーブ)とします.タイプCが入手できない場合には,少し操作性が良くありませんが,タイプB(Bカーブ)を使用します.また,レギュレータICには,ヒートシンクなどの対応は必要ありません.

50mAの直流電流計は,分流器として1/4Wカーボン皮膜抵抗器8.2Ωとし,調整用抵抗として100mW半固定抵抗器1kΩを使用します.

● 電流設定抵抗の設計

定電流(I_{OUT})は,次の式で計算することができます.

$$I_{out} = \frac{V_{REF}}{R_1 + VR_1} + I_{ADJ}$$

基準電圧は$V_{REF} = 1.25 \text{[V]} \pm 0.05 \text{[V]}$,ADJ端子流出電流は$I_{ADJ} = 50 \text{[}\mu A\text{]}$(最大$100 \text{[}\mu A\text{]}$)です.$I_{ADJ}$は,設計上影響がないほど小さい値ですので,計算上省略します.

すなわち,最大定電流を50mAにするためには,

$$R_1 + VR_1 = \frac{V_{REF}}{I_{OUT}} = \frac{1.25 \text{[V]}}{50 \text{[mA]}} = 25 \text{[}\Omega\text{]}$$

$VR_1 = 0 \text{[}\Omega\text{]}$の場合,$R_1 = 25 \text{[}\Omega\text{]}$となります.また,最小定電流を1.2mAにするためには,

$$R_1 + VR_1 = \frac{V_{REF}}{I_{OUT}} = \frac{1.25 \text{[V]}}{1.2 \text{[mA]}} = 1041 \text{[}\Omega\text{]}$$

$R_1 = 25 \text{[}\Omega\text{]}$なので,$VR_1 = (1041 - 25) \text{[}\Omega\text{]} = 1016 \text{[}\Omega\text{]}$となります.

市販されているE24系列(公称誤差±5%)のカーボン皮膜抵抗器を使用しますので,24Ωは22.8～25.2Ω,27Ωは25.65～28.35Ωの許容範囲となり,最大定電流50mAに近い値となるものを選択します.今回は,R_1をE24系列値ですが24Ω,VR_1を1kΩとします.

電流設定抵抗器の消費電力(P)は,$P = VI$より,$1.25 \text{[V]} \times 50 \text{[mA]} = 62.5 \text{[mW]}$となります.約4倍の容量が一つの目安ですが,通常はLEDの最大定格電流30mAまでの利用のため$1.25 \text{[V]} \times 30 \text{[mA]} = 37.5 \text{mW}$となり,100～125mWの可変抵抗器(ボリューム)でも約2.7～約3.3倍ですので許容範囲とし,1/4Wのカーボン皮膜抵抗器と定格電力125mWの可変抵抗器(ボリューム)とします.

● 可変抵抗器タイプの設計

図3-5-1は,R_1を24Ω,VR_1を1kΩとした場合の抵抗値(VR_1)による定電流(I_{OUT})の変化のグラフです.約100Ωまでが急激な変化となっています.次に,抵抗値(VR_1)を回転角度(θ)に置き換えて,定電流(I_{OUT})の変化をグラフにしたのが**図3-5-2**です.約30度までが急激な変化となっています.すなわち,回転角度(θ)の1割に10～50mAまでが集中していることがわかります.残りの9割に1～10mAまでの変化があり,可変抵抗器を回してもほとんど変化しない状態が続きます.これでは非常に操作がしにくいことになります.少しでも操作性を良くするために,最初は抵抗値(VR_1)が緩やかに変化し,後半は急激に変化するタイプAを使用します.

しかし,このままのVRの1-2端子を使用した状態では,0deg(極左)で最大の50mA,300deg(極右)で最小の1.2mAとなり,右に回して値が小さくなりますので,直感的に操作がしにくくなります.そこで,回転角度(θ)が0deg(極左)のときに最小の1.2mAとし,300deg(極右)のときに最大の50mAとするには,2-3端子を使用します.**図3-5-3**がその変化のようすです.

右に回して値が大きくなりますので,直感的に操作がしやすくなります.最初は抵抗値(VR_1)が急激に変化し,後半は穏やかに変化するタイプCを使用します.

タイプCが入手できない場合に,必要な抵抗値の2倍ある可変抵抗器タイプBと同抵抗値の抵抗器を並列に実装し,タイプC相当の可変抵抗器を

図3-5-2 可変抵抗器(VR_1 1-2端子)の角度(Θ)による定電流(I_{OUT})の変化

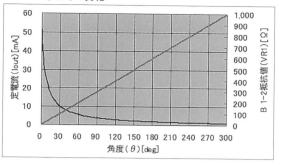

図3-5-3 可変抵抗器(VR_1 2-3端子)の角度(Θ)による定電流(I_{OUT})の変化

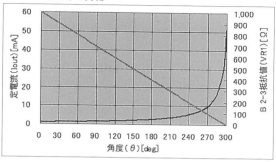

図3-5-4 可変抵抗器(VR_1 2-3端子)の角度(Θ)による定電流(I_{OUT})の変化

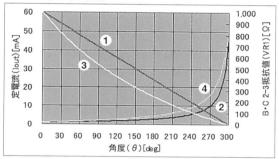

実現することができます.しかし,VRの1-2端子を使用した場合にはタイプC相当となりますが,VRの2-3端子を使用した場合にはタイプAとなりますので,注意が必要です.

より急激な(緩やかな)変化が必要なときには,可変抵抗器と並列に実装する抵抗器の抵抗値を同じ値でなく,大きく変えることにより実現できます.

図3-5-4は,タイプB(①と②)とタイプC(③と④)による定電流(I_{OUT})の変化の違いです.回転角度(θ)の後半2割に10～50mAまでとなり,前半の8割で1.2～10mAまでの変化となります.タイプBと比較すると10mA以上の範囲が約2倍と改善されています.

LEDの順方向電流(I_F)は10～20mAですので,前半の9割で15mAほど変化すれば十分であると考えます.ところで,5mA以下が必要なければ,可変抵抗器の抵抗値を500Ωにすることもできます.しかし,最近のLEDは約3mAで十分に灯すことができますので,適切に流す電流を知るうえでは1kΩをお勧めします.

● 放熱の設計

レギュレータの発熱容量は,24VのACアダプタにLED($V_F=1.8$[V])を1本接続した場合に,次式のようになります.

$$P_D = (V_{IN} - V_{OUT}) \times I_{OUT}$$
$$= (24[V] - 1.8[V]) \times 50[mA] = 1.11[W]$$

最大許容される温度上昇値は,最大接合部温度$T_J(\max)$がデータシートより125℃,最大周囲温度$T_A(\max)$を50℃として,$T_R(\max) = T_J(\max) - T_A(\max)$となります.

$T_R(\max)$とP_Dの値を用いて接合部-周囲温度間熱抵抗(θ_{JA})が計算できます.

$$\theta_{JA} = \frac{T_R(\max)}{P_D} = \frac{125[℃] - 50[℃]}{1.11[W]} = 67.6[℃/W]$$

計算した最大許容熱抵抗が実際のパッケージ定格よりも大きければ,ヒートシンク追加などの対処は必要ありません.

ただし,計算した最大許容熱抵抗が実際のパッケージ定格よりも小さい場合は,消費電力(P_D)や最大周囲温度$T_A(\max)$の見直しやヒートシンクを追加して,熱抵抗(θ_{JA})を下げる対策が必要となります.

LM317のT(TO-220)パッケージの熱抵抗(θ_{JA})は50℃/W,モールド・タイプ(TO-220F)では60℃/Wです.また,通常使用する電流は20mAですので,ヒートシンクなどの対応は必要ありません.

● 電流計の設計

電流計や電圧計にするためには,ラジケータの内部抵抗を測定します.テスタ,電池と可変抵抗

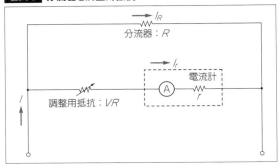

図3-5-5 分流器と調整用抵抗

表3-5-2 分流抵抗決定時の目盛り最大値

調整用抵抗値〔kΩ〕	0.0	0.5	1.0
ラジケータ側の合計抵抗値〔kΩ〕	1.5	2.0	2.5
計算上の目盛り最大値〔mA〕	36.8	49.0	61.2

器（VR：ボリューム）により，簡単に内部抵抗を測定することができます．使用するラジケータの定格は，感度200μA，内部抵抗1.5kΩです．分流器の構成は**図3-5-5**を参照してください．

さて，50mAの直流電流計にするためには，

$$50〔mA〕-200〔μA〕=49.8〔mA〕$$

を分流抵抗に逃がす必要があります．計算式は，次のようになります．

$$R=\frac{r}{(N-1)}, \quad N=\frac{I}{200〔μA〕}$$

上式から，$N=50〔mA〕/200〔μA〕=250$となります．また，ラジケータなどのバラつきを補正するために，1kΩの半固定抵抗をラジケータと直列に接続することにします．すなわち，内部抵抗1.5kΩと調整用半固定抵抗1kΩの直列接続2.5kΩの中間2kΩで計算します．$R=2〔kΩ〕/(250-1)=8.03〔Ω〕$となり，E12系列値の8.2Ωとします．

50mAが流れた場合に，$I=I_R+I_r$により，$50.0mA=49.8〔mA〕+200〔μA〕$となり，分流器には49.8mAが流れます．分流器の電力容量ですが，$V=IR$より，$V=49.8〔mA〕×8.2〔Ω〕=0.408〔V〕$となり，消費電力（P）は，$P=V×I=0.408〔V〕×49.8〔mA〕$となります．1/4Wの抵抗器で，目安の4倍以内ですので問題ありません．また，調整用抵抗の電力容量は，ラジケータ両端の電圧が200〔μA〕×1.5〔kΩ〕=0.3〔V〕ですので，調整用抵抗両端には0.408Vとの差である0.108Vとなり，消費電力（P）は，$P=V×I=0.108〔V〕×200〔μA〕=21.6〔μW〕$となります．0.1Wの半固定抵抗器で，目安の4倍以内ですので問題ありません．

分流抵抗器の値による目盛り最大値の計算式は，

$$I=(r/R+1)×200〔μA〕$$

です．例えば計算上は，調整用抵抗値が0Ωのときには，

$$I=(1.5〔kΩ〕/8.2〔Ω〕+1)×200〔μA〕$$
$$=36.8〔mA〕$$

となります．またおのおの，調整用抵抗値が0.5kΩや1.0kΩのときには，**表3-5-2**のようになります．

カーボン皮膜抵抗は5%，半固定抵抗器は30%および各ラジケータにも誤差があります．較正時に，50mAがラジケータの最大値に，約1kΩの可変幅内で調整できれば問題ありません．

回路と実測結果

これまでの設計を元に組んだ回路が**図3-5-6**です．計算上の最大定電流は，

$$I_{OUT}=1.25〔V〕/(24〔Ω〕+0〔kΩ〕)=52.1〔mA〕$$

となります．また，最小定電流は，

$$I_{OUT}=1.25〔V〕/(24〔Ω〕+1〔kΩ〕)=1.22〔mA〕$$

です．

完成後006P（9V）を使用しての実測では，1.21～49.8mAですので，1.2～50mAをほぼ満たしています．

データシートによれば，最小負荷電流$I_0(min)$は，入出力電圧差が40Vでは3.5mA以上です．また，最小動作電流特性図から，入出力電圧差が20Vでは約2mA以上，5Vでは約1.3mA以上，3Vでは約1.2mA以上となります．通常は，3～10mAでの利用のため十分であるといえます．

製作してみよう　ケースの加工

● ケース

東京・町田のサトー電気で購入できるケースとラジケータを加工します．サイズがW65×H38×D100mmの樹脂性ケースを使います．前面と背面パネルが外れるため，非常に加工しやすいケースです．また，50mAの直流電流計には，専用の目盛りラベルを作製します．

図3-5-6 製作するLED Checker回路

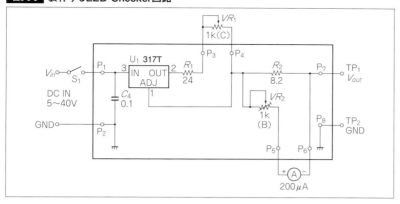

● ケースの加工

ケースの上カバーにラジケータ用の穴φ22mmをあけます．また，トグル・スイッチとボリューム用にφ6mmの穴をあけます．さらに，006Pを収納するため，下カバーにある8個の基板取り付けボスの内2個を削り取ります．前面パネルに陸軍ターミナ

図3-5-7 ケースの加工寸法

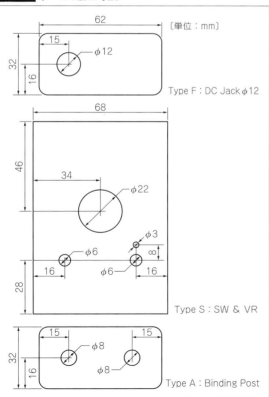

ル用の穴φ8mmをあけ，背面パネルにDCジャック用の穴φ12mmをあけます．

加工寸法は**図3-5-7**を参照してください．**写真3-5-1**が加工の終わった樹脂ケースです．ターミナルとDCジャックの加工穴と部品のようすは**写真3-5-2**，**写真3-5-3**を参照してくださ

● ラジケータ（メータ）の目盛りラベル

ラジケータ（200μA）の内部抵抗を測り分流し，50mAの直流電流計とします．ラジケータにより若干バラつきがありますが，**図3-5-8**の専用の目盛りラベルを作製して較正して使います．

10分割較正用目盛りラベルを使用し，電流を50mAまで5mAごとに変化させ，ラジケータの目盛りを読みます（較正値）．また，目盛り値にも較正後の角度に応じた傾きを付けます．LEDチェッカーに使ったラジケータ場合は，**表3-5-3**のようになりました．この測定値から**図3-5-8**のラベルを**表3-5-4**のように，電流の範囲により目盛りを色分けし見やすくしてあります．

少し前のラジケータは透明カバーをテープで固定する必要がありました．最近のロットは形状が変わりテープが必要ありませんので，ラジケータをケースに固定してから，透明カバーの着脱が可能です．すなわち，実装してから較正用目盛りラベルを使用して，ラジケータの較正を行うことが可能となります．

製作してみよう　実装

ユニバーサル基板の部品配置，配線は**図3-5-9**を実体配線図は**図3-5-10**を参照してください．使用部品は稿末の**表3-5-6**を参照してください．三端子レギュレータとトグル・スイッチが，接触しないように配置する必要があります．

● ユニバーサル基板基板

片面2.54mmピッチの万能基板（44×31mm）に実装します．また，コンデンサと抵抗器の切断し

3-5　LEDチェッカー　**103**

写真3-5-1 樹脂ケースのようす．すでに加工したもの

写真3-5-2 前面パネルと陸軍ターミナル

写真3-5-3 背面パネルとDCジャック

図3-5-8 ラジケータの目盛りラベル

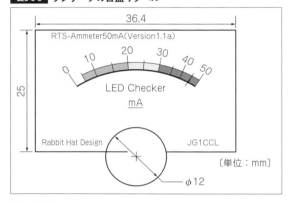

図3-5-9 部品面から見た部品配置と配線図

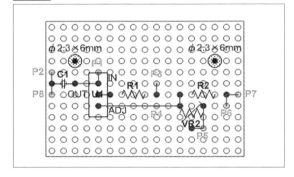

表3-5-3 目盛りラベルの作成の較正地値の一例

テスター〔mA〕	較正値	角度α(deg)	値角度β(deg)
0.00	0.00	125.00	35.00
5.00	0.80	119.40	29.40
10.00	1.80	112.40	22.40
15.00	3.20	102.60	12.60
20.00	4.40	94.20	4.20
25.00	5.60	85.80	−4.20
30.00	6.80	77.40	−12.60
35.00	7.80	70.40	−19.60
40.00	8.60	64.80	−25.20
45.00	9.40	59.20	−30.80
50.00	10.00	55.00	−35.00

表3-5-4 目盛りラベルの範囲識別色

電流範囲〔mA〕	識別色
5～20	緑
20～30	黄
30～50	赤

たリード線を利用して配線します．可変抵抗器（ボリューム）と半固定抵抗器は，左に回したときに最大値（1kΩ）になるよう実装（2-3端子）します（**写真3-5-4**）．また，基板からビニル線で，トグル・スイッチ，可変抵抗器（ボリューム），ラジケータ，陸軍ターミナル，DCジャックへ配線します．

● ケースへの収納

ケースの上カバーに，ラジケータを両面テープで取り付けます．また，トグル・スイッチとボリュームも取り付けます．

内部のようすは**写真3-5-5**のようになっています．基板は，タッピング・ネジ（M2.3×6mm）で固定します．

前面パネルに陸軍ターミナルを取り付けます（**写真3-5-6**）．また，背面パネルにDCジャックを取り付けます（**写真3-5-7**）．さらに，各種ラベルを貼り付けて完成です．

較正方法

テスタ（直流電流計）を使用し，較正を行います．

❶ 半固定抵抗器を左一杯に設定し，最大値である1kΩにする．

❷ 同規格のLEDを5個並列または10Ωの抵抗を，陸軍ターミナルまたはブレッドボード経由で接続．このとき，LEDまたは抵抗と陸軍ター

図3-5-10 実体配線図

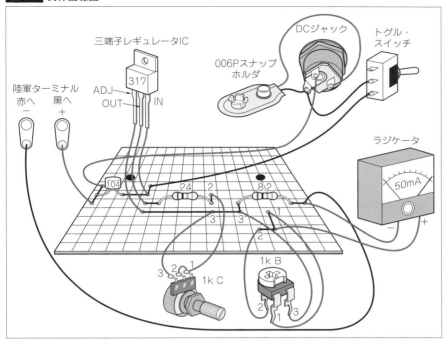

❷ LEDを陸軍ターミナルまたはブレッドボード経由で接続.
❸ 電源をON.
❹ 可変抵抗器(ボリューム)を右に回し,適切な輝きに調整.
❺ ラジケータの目盛りから電流の値(I_{OUT})を読み取る.
❻ LED両端の電圧である順方向電圧(V_F)テスタで測定.
❼ オームの法則から,使用する電圧の場合に実装する抵抗値を計算.

$$V = IR \quad \therefore R = \frac{V - V_F}{I_{OUT}}$$

例えば,電流の値

ミナル間テスタ(電流計)を挿入しておく.
❸ 電源をON.
❹ 可変抵抗器(ボリューム)を右に回しテスタで50mAに調整する.
❺ 半固定抵抗器を右に回し,メータ(ラジケータ)の値を50mAに調整.
❻ 10分割較正用目盛りラベルを使用し,電流を50mAまで5mAごとに変化させ,ラジケータの目盛りを読む(較正値).
❼ 較正値から専用の目盛りラベルを作製.

較正用抵抗の電力容量ですが$V = IR$より,

$$V = 50 [mA] \times 10 [\Omega] = 0.5 [V]$$

となり,消費電力(P)は,

$$P = VI = 0.5 [V] \times 50 [mA] = 25 [mW]$$

となります.使用部品の抵抗器は1/4Wで十分ですが,今後作成するほかのツールでの較正を考えると,10Ω20Wセメント抵抗を推奨します.

使ってみよう

❶ 可変抵抗器(ボリューム)を左一杯に設定し,定電流を最小とする.

(I_{OUT})が5mA, LED両端の電圧(V_F)が1.8 [V] で,使用する電圧が12Vの場合には,

$$R = (12 - 1.8) [V] / 5 [mA] = 2.04 [k\Omega]$$

となります.

E12系列の2.2kΩとすると,$V = IR$より,

$$I = V/R = (12 - 1.8) [V] / 2.2 [k\Omega] = 4.6 [mA]$$

となります.

E24系列の2.0kΩとすると,$E = IR$より,

$$I = E/R = (12 - 1.8) [V] / 2.0 [k\Omega] = 5.1 [mA]$$

となります.

市販のカーボン皮膜抵抗の誤差は5%のE24系列ですが,比較的入手しやすいE12系列値を選択するようにします.どちらでも問題ありませんが,

表3-5-5 順方向電圧(V_F)測定値

色	型	電圧(V)
赤	拡散	1.67
	高輝度	1.82
緑	−	1.85
	拡散	1.85
橙	−	1.70
	拡散	1.73

消費電流が少し小さく，比較的入手しやすい2.2kΩとします．

また，消費電力(P)は$P=(12-1.8)[V]\times5[mA]=51[mW]$です．1/4Wあれば，目安である4倍の電力容量を満たしていますので問題ありません．

参考までに，日ごろ使用しているLEDの順方向電圧(V_F)を測定してみます．いずれも3mAほどで明るく点灯します(**表3-5-5**)．もちろん，高輝度は特別に明るいのですが，それ以外も電源ON時などの点灯用に使用するのであれば十分だと思います．好みがありますので，自分だけの輝きを見つけてください．

LEDの順方向電流(I_F)は，普通のLEDで$I_F=5\sim10[mA]$，高輝度タイプで$I_F=10\sim20[mA]$程度です．また，最大定格は30mA程度の物が多いのでこれを超えないよう注意します．順方向電圧(V_F)は輝度に関係なく，従来の赤/緑などのLEDで$V_F=1.6\sim1.8[V]$，青/白/青緑などのLEDは$V_F=3.2\sim3.4[V]$程度です．

006Pは両面テープで固定していますが専用ホルダで固定するか，常時使用しないのであれば外部電源を推奨します．

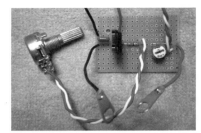
写真3-5-4 製作の終了した基板のようす

写真3-5-5 LEDチェッカー内部のようす

写真3-5-6 前面パネルにはLEDの接続端子がある

写真3-5-7 背面パネルには外部電源供給端子を配置

表3-5-6 使用部品一覧

部品種類	部品番号	部品名称	仕様・型番			数量
IC	U_1	三端子レギュレータ	LM317T	相当品		1
コンデンサ	C_1	積層セラミック	50V	0.1μF(104)		1
抵抗器	R_1	カーボン皮膜	1/4W	24Ω		1
	R_1			8.2Ω		1
	VR_1	可変(ボリューム)	C	1kΩ	φ16mm	1
	VR_2	半固定	B	1kΩ		1
つまみ						1
スイッチ	S_1	トグル・スイッチ	小型	2Pまたは3P	ON-OFFまたはON-ON	1
ラジケータ			40×40×20mm	200μA	(サトー電気)	1
		メータ・ラベル	自作		PTS-Ammeter50mA	1
陸軍ターミナル	TP_1		小	赤		1
	TP_2			黒		1
006P用スナップ						1
DCジャック			φ2.1mm	3P		1
基板			44×31mm			1
ケース			W65×H38×D100mm	XD-9	(サトー電気)	1
ネジ		タッピング	なべ	M3	30mm	4
				M2.3	6mm	2
線材		ビニル線	赤/白または赤/黒		約30cm	1

4章
LEDイルミネーション工作を楽しもう

LEDはノーベル賞を受賞した青色の開発により，色の三原色が完成し，どのような色にでも灯すことが可能になりました．加えて点滅や順次点灯などを組み合わせれば，どのような場面のイルミネーションにも対応できるでしょう．ここでは，ジオラマや鉄道模型への応用工作をご紹介します．なお，3章の「3-2 光と音で知らせる受信報知器を作る」の五角形に配置したLEDを反時計回りに光らせる工作は，鉄道信号機の特殊信号発光器の動作を再現していますので，LEDを信号機に組み込むと鉄道模型にも応用が可能です．

4-1　鉄道模型のジオラマ電飾を作る

4-2　鉄道模型の前照灯と尾灯を作る

鉄道模型のジオラマ電飾を作る

鉄道ジオラマの製作は，街や風景からも躍動感が感じられ，自分のイメージした世界に入り込めるのが，たまらない魅力です．また，まるで本物の町並みが，作る側だけでなく，見る側の想像力をも刺激します．その中でも夜景は，特別な魅力を持っていると筆者も思います．市販されている電飾セットもありますが，ACアダプタやコントローラが必要であり，配線に悩むことが多いのではないでしょうか．そこで，手軽に入手できる単4電池1本で，白色LEDを点灯させるHO（16番）用サイズの電飾を製作します．

ドライバICやディスクリート部品で作る

ドライバICや，汎用トランジスタなどのディスクリート部品を使って，ジオラマ電飾を製作します．すぐに製作から始めたいときには，本稿中盤の「ジオラマ電飾を製作する ●製作する回路（p.111）」から読み進めてください．

● 1.5VでLEDを点灯させる回路

LEDは，電流により輝度が変化し，順方向電圧以上の電圧が必要となります．「第5章 資料編 LED使いこなしガイド」で，順方向電圧の測定方法などは詳細に解説します．また，順方向電圧（V_F）は，従来の赤／緑などのLEDで$V_F=1.6$～1.8V，青／白／青緑などのLEDは$V_F=3.2$～3.4V程度です．ということは，順方向電圧が低い赤色LEDでも，1.6V以上が必要だということになります．それでは，どのようにして1.5VでLEDを点灯させるのでしょうか．

それは，人間の目を誤魔化す手法を用います．電圧が不足していても，順方向電圧より高い瞬間を周期的に作り出せれば，順方向電圧を越えた瞬間だけLEDが点灯します．もちろん，消えている瞬間もありますが，人間の目にはわからないくらいの点滅周期であれば，普通に点灯しているように見えるのです．これは昇圧回路と呼ばれていて，

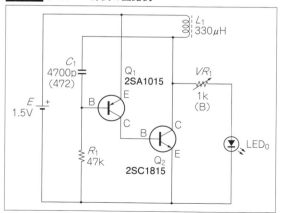

図4-1-1 チョッパー方式の回路例

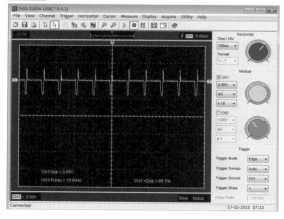

図4-1-2 チョッパー方式の波形

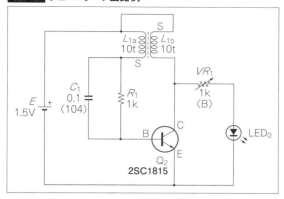

図4-1-3 ジュールシーフ回路例

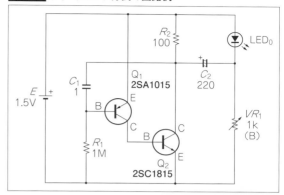

図4-1-4 チャージポンプ方式の回路例

いろいろなものがあります．その中でも，DC-DCコンバータなどで広く使われている，コイルを使うチョッパー方式とコンデンサを使うチャージポンプ方式の二つをご紹介します．

● チョッパー方式

チョッパー(chopper)とは「切り刻む」という意味なので，電流をスイッチングにより切り刻んで，電圧変換する方式です．また，チョッパー方式では，チョーク・コイル(choke coil)が重要な働きをします．チョーク(choke)とは「息が詰まる，窒息する」という意味です．すなわち，回路に流れる電流は，スイッチングによるON/OFFのたびに急激に変化します．コイルは電流変化を妨げるように起電力を生み，誘導電流を発生させます．これが，有名なレンツの法則ですね．直流では銅線と同じですが，交流電流に対しては抵抗のように作用します．電流にとっては，まさに息が詰まります．この性質を利用するコイルのことを，特にチョーク・コイルと呼びます．

図4-1-1が，チョッパー方式の例です．「1-1 電子ルーレットを作る」でも登場した弛張発振(ししおどし)回路が，ON/OFFをスイッチングしています．白色LED(順方向電圧3.2V)を点灯したときのオシロスコープで測定した波形が，**図4-1-2**です．また，**図4-1-3**は，Maker Faireの「ジュールシーフを作ろう」を参考にした一石で動作する「ジュールシーフ(Joule Thief)」と呼ばれている回路です．弛張発振回路の一種ですが，コイルの特性を活かした非常にシンプルで，よく考えられた回路です．

● チャージポンプ方式

チャージポンプ(charge pump)方式というのは，スイッチングのON/OFFにより，コンデンサへの充電と充電したコンデンサに電源を直列接続することが繰り返され，高電圧を得る方法です．ただし，コンデンサに電荷を蓄えて動作させるため，出力電流が小さい場合に適し，大電流には不向きといえます．また，コイル(インダクタ)を必要としないため，小型で低ノイズの電源を構成でき，基板上での小容量電源などに使われています．

図4-1-4が，ブレッドボード・ラジオの1.5Vで

Column ジュールシーフ(Joule Thief)

「宝石泥棒(Jewel Thief)」のJewelを，Joule(エネルギーの単位)に置き替えて命名したとのことです．

エレガントなネーミングですね．電池からエネルギーを極限まで搾取する「ジュール泥棒」という意味が込められています．消耗して電圧の低下した電池を，有効活用したいときにも便利な回路です．

4-1 鉄道模型のジオラマ電飾を作る **109**

図4-1-5 CL0117ピン接続

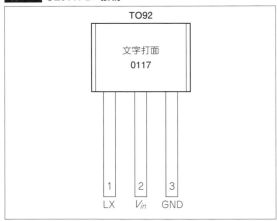

白色LEDドライバIC

チョッパー方式とチャージポンプ方式のどちらの方式でもいいのですが，チョッパー方式のLEDドライバICであるCL0117が，安価に入手できますので，前者の方式で製作していきます．CL0117はTO92パッケージでピンの接続は**図4-1-5**のようになっています．

● 明るさを調整する回路

図4-1-6～**図4-1-8**が，オシロスコープで各色

図4-1-8 赤色LEDアノード-GND間の電圧変化

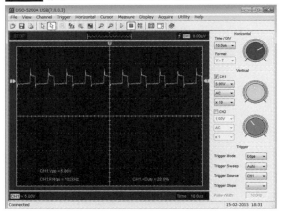

図4-1-6 白色LEDアノード-GND間の電圧変化

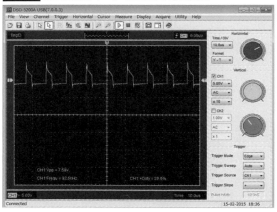

表4-1-1 各色LEDのアノード-GND間測定結果

LED	電圧(V_{PP})(V)	周波数(kHz)	デューティ比(%)
白色(OSW5DK511A)	7.58	92.6	29.6
青色(OSUB5161A)	7.42	96.2	30.8
赤色(不明)	5.86	102	28.6

図4-1-9 ジオラマ電飾回路

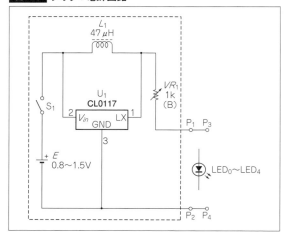

図4-1-7 青色LEDアノード-GND間の電圧変化

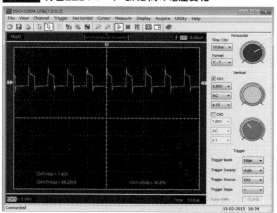

LEDを点滅させる回路を参考にしたチャージポンプ方式の回路例です．

表4-1-2 使用部品一覧

部品種類	部品番号	部品名称	仕様・型番			数量
IC	U_1		CL0117			1
ダイオード	LED_1〜LED_2	LED	φ5mm	白色や電球色など		2
抵抗器	VR_1	半固定	1kΩB			1
インダクタ	L_1		47μH			1
スイッチ	S_1	スライド	基板用小型	2Pまたは3P	ON-OFFまたはON-ON	1
ピン・ソケット	P_1〜P_4	丸ピン・シングル	2P	2.54mm	LED用	2
電池ホルダ			単四×1	基板用		1
基板			50×20mm	2.54mm	19×8穴	1

図4-1-10 部品面から見た部品配置と配線図

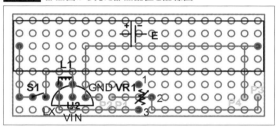

LEDのアノード-GND間を測定した波形です．その測定結果を，**表4-1-1**にまとめてみました．いずれも，ピーク間の電圧は順方向電圧以上，周波数は約96kHz，デューティ比約30％となります．

ほぼ0.01msの周期で点滅を繰り返しているのです．パルス幅を調整して明るさを制御したいところですが，簡易に半固定抵抗器で電流制限します．

ジオラマ電飾を製作する

● 製作する回路

図4-1-9がジオラマ電飾の完成した回路です．また，**表4-1-2**が部品です．使用している部品は，サトー電気や秋月電子通商などで購入することができます．

基板のはんだ付けは，部品面から見た部品配置と配線図（**図4-1-10**）と実体配線図（**図4-1-11**），完

図4-1-11 実体配線図

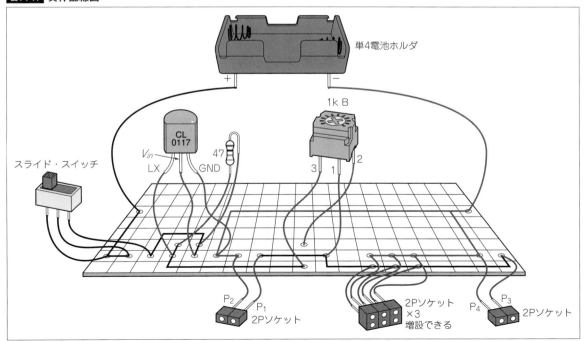

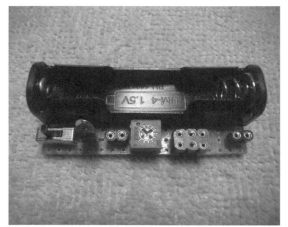

写真4-1-1 完成した基板

写真4-1-3 LEDの取り付け

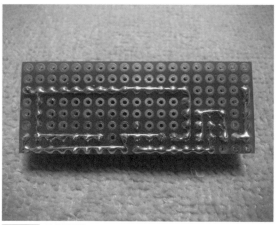

写真4-1-2 基板裏側

写真4-1-4 白色LED2個を輝度最小で点灯

成した基板(**写真4-1-1**)と基板裏側(**写真4-1-2**)を参考にしてください．

● 基板に実装する

片面2.54mmピッチの万能基板19×8穴(50×20mm)に実装します．配線はφ0.4mmくらいのスズ・メッキ線を使用します．また，インダクタや以前切断したリード線を利用してもかまいませ

ん．筆者は，リード線を保管しておき，活用しています．

部品数が少ないですし，配線ができるだけ直線になるようにデザインしましたので，前項目までの製作よりは簡単ではないでしょうか．また，ほかに比べて大きな電池ホルダを最後に実装すれば，作業がしやすいかと思います．

 リード線

リード線は，切断したときになくさないよう注意してください．針のように細いので，カーペットなどに隠れていると思わぬケガをします．

筆者は，切断したリード線を数えて保管または廃棄しています．

写真4-1-5 白色LED2個を輝度最大で点灯

写真4-1-6 青色LED2個と白色LED3個を点灯

基板から浮いていないことを確認してからほかのピンをはんだ付けするときれいに仕上がります．

スライド・スイッチをはんだ付けします．インダクタと半固定抵抗器をはんだ付けします．LEDドライバICの向きを間違えないようにはんだ付けし，最後に電池ホルダをはんだ付けして完成です．

LEDを点灯してみよう

LEDを実装して点灯してみます．**写真4-1-4**が白色LED2個を輝度最小で点灯した場合で，**写真4-1-5**が輝度最大で点灯した場合です．また，**写真4-1-6**は青色LEDと白色LED3個を輝度最大で点灯したものです．

この項のタイトル写真は，木造の作業員詰め所(**写真左**)と倉庫(**写真右**)に実装した電飾です．内側は，**写真4-1-7**のようになっています．LEDの色と高さ，そして明るさを調整して，エレガントなジオラマに仕上げてください．

このジオラマ電飾はHO(16番)用ですので，このサイズが可能です．ところが，Nゲージ用ジオラマとするには大きすぎます．小さくするために，チップ部品を使用し，電池を単5電池やリチウム電池にするなど工夫が必要です．しかし，安価で多量に入手できなくなるのが課題です．

この基板を複数作っておけば，家並や街灯など，いろいろなものに応用できるでしょう．

LEDを実装する2ピン・ソケットから，はんだ付けをします．ピン・ソケットは，一度にすべてのピンをはんだ付けせず，片方のピンを固定し，

写真4-1-7 電池1本で白色LEDを点灯

4-1 鉄道模型のジオラマ電飾を作る **113**

4-2 鉄道模型の前照灯と尾灯を作る

ここでは車両本体の電飾を作ります．鉄道模型の車両は，コントローラであるパワーパックによりレールに流された直流電源を，車輪で集電してモータを起動させ走ります．また，前照灯と尾灯，室内灯などを点灯することもできます．従来では，電球が使用されていましたが，LEDに変わりつつあります．また，市販品は現在でも前照灯と種別幕灯が電球で，尾灯がLEDのハイブリッド車両も存在しています．これは，構造上極性のない電球が適していて，部品点数を少なく実装できる利点があるからだと思います（価格にも反映）．

それでは，筆者が入手したHO（16番）ゲージ「KATOキハ65系 急行形気動車」を分解・改造しながら，灯火類の構造と仕組みを探りLED化を考えます．また，パワーパックは直流（DC）以外にパルス変調（PWM）している製品もあり，LEDへの影響をあわせて考えてみます．なお，車両の構造や分解方法については，『鉄道模型と電子工作』（CQ出版社 刊）を参考にしています．

前照灯と尾灯を作る

まず，汎用ダイオードなどのディスクリート部品を使って，鉄道模型の前照灯と尾灯を作製します．すぐに製作から始めたいときには，「製作してみよう」（p.116）から読み進めてください．

● 前照灯と尾灯を点灯する回路

前照灯と尾灯の点灯を切り替える回路を考えます．灯火類に電球を使った場合には，**図4-2-1**のようにダイオードを使用します．例えば，回路図の下側がプラスになったとき，右側の前照灯と左側の尾灯が点灯し，右方向へ進行します．

LEDを使用するときには，電流制限を検討する必要があります．前照灯で使用する白色LEDの順方向電圧（V_F）は4.2～3.4V程度で，順方向電流（I_F）を10～18mA流します．尾灯の赤色LEDは1.6～1.8Vで，2～10mA流します．しかし，高輝度LEDを利用すると少ない電流でも眩しいほど点灯しますので，いずれにしても適切な輝度の電流を確認することをお勧めします．「第5章 資料編 LED使いこなしガイド」で，順方向電圧の測定方法などは詳細に解説します．

例えば，電源電圧が12Vのとき，前照灯で10mA流すには順方向電圧（V_F）を3.3Vとすると，

$$R[\Omega] = \frac{(E-V_F)[V]}{I_F[A]} = \frac{(12-3.3)[V]}{10[mA]}$$
$$= 870[\Omega] \fallingdotseq 910[\Omega]$$

です．同様に18mA流すには，

$$R[\Omega] = \frac{(E-V_F)[V]}{I_F[A]} = \frac{(12-3.3)[V]}{18[mA]}$$
$$= 483.3[\Omega] \fallingdotseq 470[\Omega]$$

となります．また，尾灯で2mA流すには順方向電圧（V_F）を1.7Vとすると，

$$R[\Omega] = \frac{(E-V_F)[V]}{I_F[A]} = \frac{(12-1.7)[V]}{2[mA]}$$
$$= 5150[\Omega] \fallingdotseq 5.1[k\Omega]$$

です．同様に10mA流すには，

$$R[\Omega] = \frac{(E-V_F)[V]}{I_F[A]} = \frac{(12-1.7)[V]}{10[mA]}$$
$$= 1030[\Omega] \fallingdotseq 1[k\Omega]$$

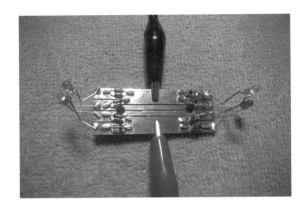

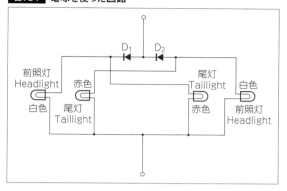

図4-2-1 電球を使った回路

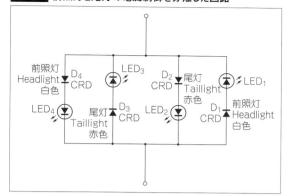

図4-2-3 前照灯と尾灯の電流制御を分離した回路

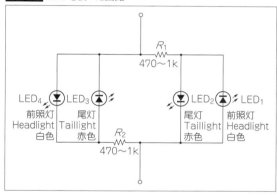

図4-2-2 LEDを使った回路

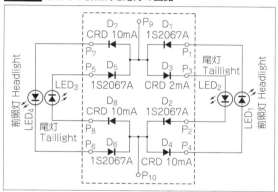

図4-2-4 製作する前照灯と尾灯の回路

となります．前照灯と尾灯の電流制御抵抗が共通であるため，**図4-2-2**では470Ωから1kΩの電流制限抵抗器としています．

次に，極性がない電球では気にしなかった，LEDの基本である逆方向電圧を検討します．一般的なLEDの最大逆方向電圧は5Vです．**図4-2-2**の下側がプラスになったとき，LED$_2$とLED$_4$に逆方向電圧12Vになると思いますか？ この回路は良くできていて，お互いの順方向電圧(V_F)でお互いを守っています．すなわち，LED$_2$の逆方向電圧はLED$_1$の順方向電圧になるわけです．ただし，二つの課題が残ってしまいます．一つは，前照灯と尾灯の電流制御抵抗が共通であるため，それぞれの輝度を調整することができません．もう一つは，電源電圧が12V固定でなく，0〜12Vまで可変であることです．

$$I_F[A] = \frac{(E - V_F)[V]}{R[\Omega]}$$

ですので，電源電圧が変化すれば順方向電流(I_F)も変化してしまいます．

さて，その二つの課題を解決するため，電流制御抵抗器の変わりに定電流ダイオード(CRD)を各LEDへ接続します(**図4-2-3**)．しかし，定電流ダイオードは逆方向電流も流れますので，LEDに電源電圧12Vが逆方向電圧としてかかることになります．その課題を解決するために，逆方向電圧の高いダイオードを追加します(**図4-2-4**)テスタをダイオード・レンジに設定して，小信号ダイオード1S2076Aを測定すると順方向では順方向電圧が表示されますが，逆方向では「0L」表示となり電流が流れていないことがわかります．一方，定電流ダイオードを測定すると，順方向も逆方向も同じ電圧を表示します．試しに，定電流ダイオードとLEDを直列に接続し，最大逆方向電圧範囲内の3Vで逆方向電圧をかけると，LED端子間の電圧

4-2 鉄道模型の前照灯と尾灯を作る **115**

表4-2-1 使用部品一覧

部品種類	部品番号	部品名称	仕様・型番		数量
ダイオード	D_1, D_2, D_5, D_6	小信号			4
	D_3, D_8	定電流	2mA	尾灯用	2
	D_4, D_7		10mA	前照灯用	2
	LED_1, LED_4	LED	φ3mm	白色や電球色など,前照灯用	2
	LED_2, LED_3		φ3mm	赤色,尾灯用	2
基板			t1.6mm	紙フェノール片面	1

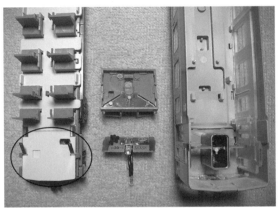

写真4-2-1 ライト・ユニットの集電用金具

図4-2-5 基板のランドと寸法

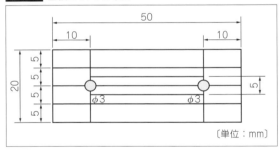

写真4-2-2 試作した基板

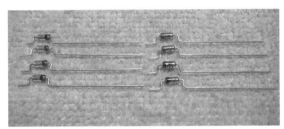

写真4-2-3 リードを加工したダイオード

も約3Vとなります.

ここでは**図4-2-4**の回路を作ります.

製作してみよう

表4-2-1が部品表となります.使用している部品は,サトー電気や秋月電子通商などで購入することができます.

● 基板を加工する

鉄道マニアの知人が**写真4-2-1**のようなライト・ユニットの集電用金具を,機関車のモータ上部に取り付けて集電するために試作した基板を流用しました.20×50mmに切断した紙フェノール片面基板に**図4-2-5**のように切込みを入れ,ランドを作製します.ランド間の銅箔をはがす作業はアクリル・カッターを使って,ていねいに溝を掘ります.あまり深く掘りすぎると基板が割れてしまいますので注意してください.

最初に基板を長手方向に等分している溝を削り,次にネジ穴の中心となる左右の10mmを削ります.残りはランドを等分するように削り,最後にφ3mmのネジ穴をあけるときれいに仕上がります.

また,銅板は腐食しますので,はんだメッキしておくことをお勧めします.そのためには,アクリル磨きやピカール金属磨きで表面を整え,フラックスなどを使用しまんべんなくはんだを広げます.はんだゴテもW数の大きなものを使用すると銅箔と紙フェノール間の空気が膨張してはがれる

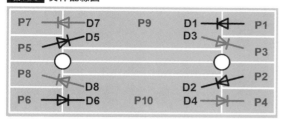

図4-2-6 実体配線図

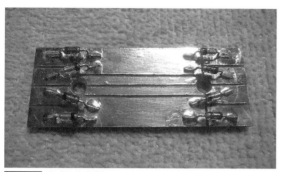

写真4-2-4 完成した基板

ことがあるので、筆者は15Wで行っています。最後に、ガソリン用水抜き剤（イソプロピルアルコール99wt％）で、フラックスをきれいに除去して完成です（**写真4-2-2**）。

● 基板に実装する

写真4-2-3のように、ダイオードのリードを加工しておきます。小信号ダイオードはアノード側を、定電流ダイオードはカソード側を短く切断します。これは最初に、左右の5×10mmのランドにダイオードをはんだで固定するためです。位置が決まれば、次に反対側のリードを切断してはんだ付けしていきます。

基板へのはんだ付けは、部品面から見た部品配置と配線図（**図4-2-6**）、完成した基板（**写真4-2-4**）の写真を参考にしてください。

● LEDを点灯試験する

本来は細い線材などでLEDを接続しますが、直接基板にLEDを仮実装し自作のパワーパックで点灯試験をしてみます。パワーパックを前進（**写真4-2-4**下側にプラス）に設定し、**写真4-2-5**が右方向へ前進している状態です。右側の前照灯（緑）と左側の尾灯（赤）が点灯しています。また、後退に切り替え、**写真4-2-6**が左方向へ後退している状態

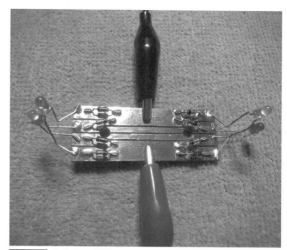

写真4-2-5 右方向へ前進

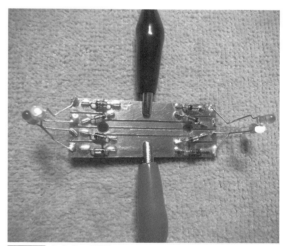

写真4-2-6 左方向へ後退

です。左側の前照灯（緑）と右側の尾灯（赤）が点灯しており、設計どおりに動作しています。

車輌への実装

ダイオードがモータと接触するようであれば、基板とダイオードの間隔を狭くするか、チップ部品を使用して実装します。

さらに、モータ（EN-22）単体を接続して確認すると、DC動作ではモータが回り出すのと同じくらいのタイミングで灯火類が点灯します。また、PWM（約240〜30kHzまで可変）動作では、周波数約300Hzでモータが低いうなり音を上げ始めま

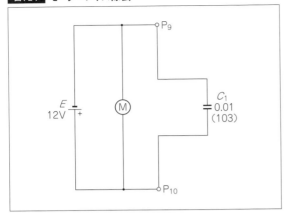

図4-2-7 モータ・ノイズ除去

写真4-2-7 ライト・ユニット

す．さらに周波数を上げていくと，徐々に高い音に変わりLEDが点灯し始めます．約20kHzでLEDのみ点灯し，モータのうなり音もほぼ気にならなくなり，回転しない状態となります．すなわち，停止中でも本物の車両のように灯火類が点灯し，臨場感ある動作となります．市販されているPWM仕様のパワーパックの周波数が，この状況を想定して20kHz前後なのだと思われます．

実際に取り付けて走行実験を行ってもらった方から，正面の前照灯が点灯している側で尾灯LEDがチラつくとの報告がありましたが，モータ単体での動作では確認できていません．おそらく，車両を連結し適度な負荷が必要なのだと思います．通常，DC動作ではモータ・ノイズを除去するために，モータ側にコンデンサを接続します（図4-2-7）．PWM動作では，PWM信号とモータ・ノイズが混在しますので，さらに複雑な状態です．この場合には，スナバー回路がよく使用されます．しかし，モータ駆動電圧と負荷およびLED順方向電圧が絡みますので，測定と検証作業により尾灯LEDがチラつく原因を突き止め，対応することに

Column　スナバー回路

スナバー回路（Snubber circuit）は，サージ電圧対策用回路であり，モータ，コイルやスイッチなどを駆動するときに発生する高周波ノイズを吸収するノイズ除去回路です．抵抗器とコンデンサを直列に接続したものが多く，「RCスナバー回路」と呼ばれています（**図4-2-A**）．RCスナバー回路による高周波ノイズ除去は，よく利用される方法です．ただし，回路の抵抗器とコンデンサの値を正しく設定するには，スイッチング動作する部品の寄生値を知る必要があります．一般的に，発生するリンギング周波数は数十～数百MHz以上になり，スイッチング・サ

イクルごとに繰り返されます．また，動作時間はミリ秒（ms）単位で遅れます．

図4-2-A スナバー回路

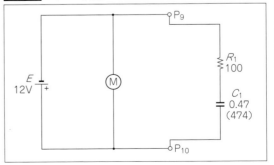

図4-2-8 室内灯と種別幕灯の回路図

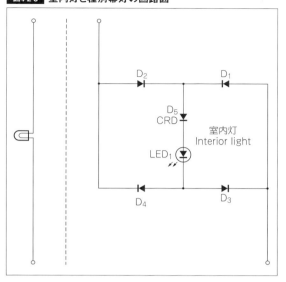

写真4-2-8 各種ブリッジ・ダイオード

表4-2-2 種別幕灯使用部品一覧

部品種類	部品番号	部品名称	仕様・型番			数量
ダイオード	D_1, D_2, D_3, D_4	整流	S1WB20またはD11510	相当品	ブリッジ・ダイオード推奨	4
	D_5	定電流	E-103	10mA	種別幕灯	1
			E-153	15mA	室内灯	1
	LED_1	LED	φ3mm		白色や電球色など，室内灯や種別幕灯	2

なりそうです．また，スナバー回路の値を変更しながら実験することができるように，基板には電源用のランドを挟み中央に二つのランドを用意してあります．鉄道模型でも，高周波ノイズ対策が必要になるとは思いませんでした．アマチュア無線と同じなのですね．

室内灯や種別幕灯を作る

鉄道模型車輌へのLED照明応用回路として汎用ダイオードなどのディスクリート部品を使って，鉄道模型の室内灯や種別幕灯を製作してみましょう．

● 室内灯や種別幕灯を点灯する回路

写真4-2-7は，「KATOキハ65系 急行形気動車」のハイブリッド型ライト・ユニットですが，奥に見える電球が種別幕灯，手前の電球は前照灯です．これを元に室内灯や種別幕灯の点灯をする回路を考えます．

灯火類に電球を使った場合には，構造は単純で電源に接続するだけとなります(図4-2-8左側)．LEDを使用するときには，もちろん電流制限を検討する必要があります．また，前進と後退のどちらでも，極性が同じになるように回路を考えなければなりません．その課題を解決するのがダイオード・ブリッジを使用した回路です(図4-2-8右側)．

4個のダイオードを使用して，ブリッジに実装してもいいのですが，ダイオードがブリッジにパッケージされているブリッジ・ダイオード(写真4-2-8)をお勧めします．写真4-2-8の上左側がD11510(1000V1.5A, $V_F<1.1V@1A$)，上右側はショットキー・バリア・ブリッジ・ダイオードSD12100(100V2A, $V_F<0.84V@2A$)下側が表面実装用のB1010S(1000V1A, $V_F<1.1V@1A$)となります．ショットキー・バリアを使用すると順方向電圧(V_F)が約0.3V低くなり，点灯が少しだけ早くなります．このことも，モータ駆動電圧とのバランスで，車両が動き出す前に室内灯や種別幕灯を点灯させるための重要な要素となります．

Column: 自己点滅型LEDを利用した点滅回路

チョッパー方式やチャージポンプ方式などの昇圧回路（発振回路）で，LEDが点灯しているように見えることがわかりました．すなわち，人間の目にはわからないくらいの点滅周期であれば，普通に点灯しているように見えるのです．もちろん，点滅周期を長くすれば点滅していると確認することもできます．ところで，その点滅回路をLEDに組み込み済みの自己点滅型LEDもあります．この自己点滅型LEDを逆に発振回路として利用すると，**図4-2-A**のように，トランジスタ・スイッチでほかのLEDを点滅させることが簡単にできます．

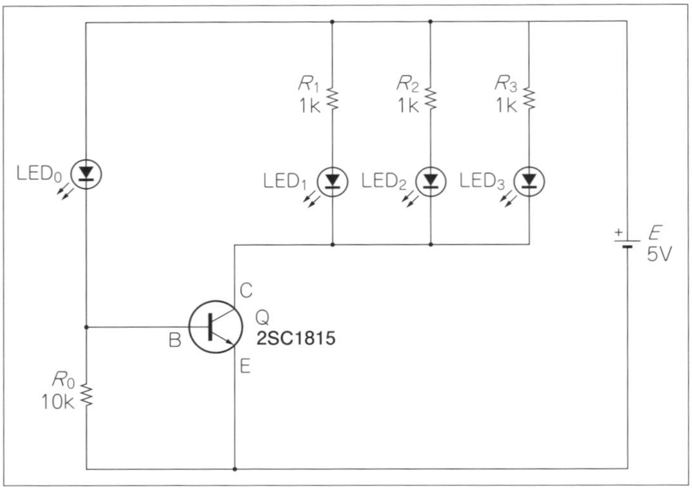

抵抗器R_0は，LED_0がOFF（消灯）したときに，トランジスタのベース電圧を完全に0Vにするためのプルダウンとして必要となります．この抵抗器がないと$LED_1 \sim LED_3$は点灯したままになります．また，自己点滅型LEDは電圧制御で，駆動電圧が5VのLEDを使用していますので，点滅させる子LEDを並列にし各LEDに電流制御抵抗器を入れています．このようにすると自己点滅型LEDを，バイメタルの親電球の替わりに利用することができます．

図4-2-Bは，自己点滅型LED（F336R）と直列に1kΩの抵抗器を接続し電源電圧3.0Vで，LED間の電圧変化を測定したものです．約2Hzで点滅しているのがわかります．

図4-2-A 自己点滅型LEDを動作させる回路

図4-2-B 自己点滅型LED（F336R）の波形

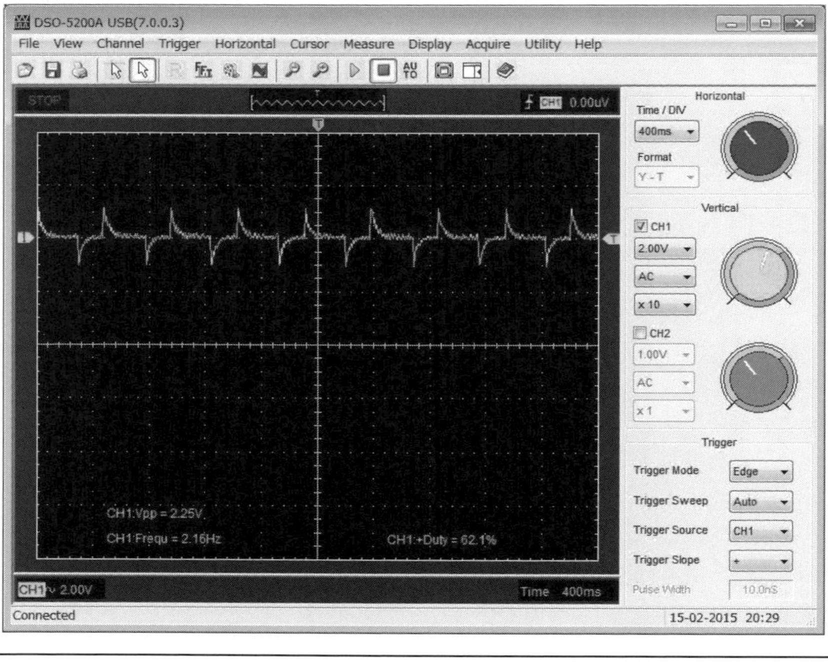

5 章

資料編 LED使いこなしガイド ～正しく使うために～

LEDは光を発しますが，これまでの電球とは動作の条件が違います．電球は電圧で点灯させますが，LEDは電流で点灯させます．また，LEDはダイオードですから，電流を流す向きを決めるための電極も存在します．そんなLEDを正しく使って，壊さないように点灯させるための基本とLEDの種類などをまとめた資料編です．

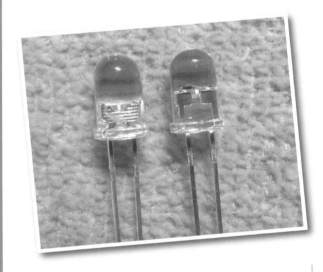

5-1　LEDとは

5-2　φ5mm LED 規格表

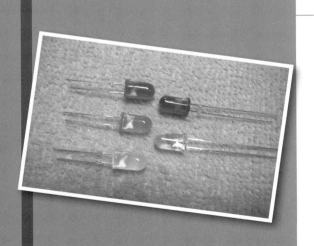

5-1 LEDとは

　LED（Light Emitting Diode）は，発光ダイオードとも呼ばれるダイオードの一種です．順方向に電圧を加えたときに，発光する半導体素子のことです．そして重要なことは，LEDが電流制御で輝くということです．

LEDの構造

　LEDの記号は，**図5-1-1**(**a**)のようにダイオードとよく似ています．また，回路図では，アノード（Anode）は「A」，カソード（Cathode）は「K」と略されることもあります．

　図5-1-1(**b**)が，古くからあり多く使われている砲弾型LEDの構造です．外部端子の長いほうがアノード（プラス）で短いほうがカソード（マイナス）になります．また，パッケージ内部の横から見ると大きいほうがリフレクタ（反射板）で，通常はカソードです．しかし，筆者は逆のLEDに遭遇し見事に壊してしまいました．テスタや3章の3-5で製作したLEDチェッカーでの確認をお勧めします．

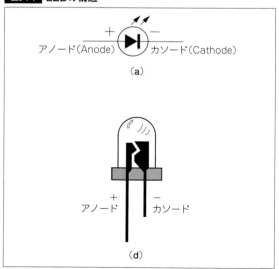

図5-1-1 LEDの構造

　アノードにプラス電源，カソードにマイナス電源を接続すると，内部チップが発光します．また，パッケージはレンズの役目もしていて光を放射します．

● 豆電球とLED

　豆電球には極性がありませんが，LEDにはアノードとカソードの極性があります．また，豆電球は定格以上の電圧をかけると壊れますが，LEDは定格以上の電流を流すと壊れてしまいます．

● LEDを点灯するには

　それでは，LEDはどのように点灯するのでしょうか．くどいようですが，LEDは電流で光り，電流制御が基本です．LED三原則「順方向電流（I_F）が輝きを決める」，「順方向電圧（V_F）ぶん降下する」「逆方向電圧（V_R）以上を加わえない」を守り，データシートの三つの項目は必ず確認してください．特に逆方向電圧は5Vしかありませんので，006P（9V）などを使用している回路では，接続を間違えないように注意が必要です．とはいえ，筆者も数個は壊してしまいました．

LED三原則

● 順方向電流（I_F）が輝きを決める

　LED三原則の最初は，「順方向電流（I_R）が輝きを決める」です．豆電球を点灯したときのように，LEDを点灯するのに何V必要なのかという質問には，電圧は何Vでもいいのですが，電流は10mA前後にしてくださいと回答することになります．

　LEDの点灯する輝きは，流れている電流で決まります．一般的なLEDでは，約10mA流せば十分すぎるほど明るくなります．ということは，電源電圧は何Vでもかまわないのです．例えば，絶縁がしっかりとできていれば，100Vや200Vでもいいわけです．ただし，最低限必要な電圧はあります．一般的には，0.5Vや1.5Vでは点灯しません．

さて，LEDはダイオードですから電流が流れる方向は，アノードからカソードにします．この電流を「順方向電流(I_F)」といいます．また，逆にカソードからアノードへの電流は，「逆方向電流(I_R)」といいます．それでは，どのくらいまで流すことができるのでしょうか．これはLEDにより異なり，データシートにある絶対最大定格の順方向電流(I_F)に記載されています．

例えば，サンケンSEL1210Rでは，30mAとなっています．LEDの順方向電流(I_F)は，普通のLEDで$I_F=5\sim10$〔mA〕，高輝度タイプでIF=10～20〔mA〕程度です．また，最大定格は30mA程度の製品が多いので，これを超えないよう注意します．

● 順方向電圧(V_F)ぶん降下する

次のLED三原則が，「順方向電圧(V_F)分ぶん降下する」です．電圧降下とは，回路に電流を流したときに，回路内の抵抗両端に電位差が生ずる現象のことです．LEDでは，順方向電流を流したときに，電圧降下が発生します．この電圧降下を「順方向電圧(V_F)」といいます．図5-1-2の回路でLEDを点灯したとき，テスタでLED両端と電流制限抵抗器両端の電圧を測定してみてください．LED両端がV_F，電流制限抵抗器両端が$E-V_F$の電圧になっていると思います．

例えば，前述のサンケンSEL1210Rでは，データシートから10mAの電流を流すと，標準1.9V，最大2.5Vの順方向電圧であると記載されています．すなわち，LEDに10mA流せば約2Vの電圧降下があり，逆に約2Vの電圧をかけると10mAの電流が流れるということになります．この順方向電圧は，LEDの発光色によって異なります．使用し

図5-1-2 LEDを点灯する回路

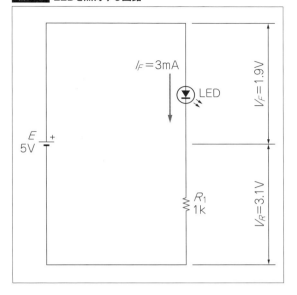

ている化合物が異なるためです．LEDの順方向電圧(V_F)は，順方向電流により変化しますが，輝度に関係なく従来の赤/緑などのLEDで$V_F=1.6\sim1.8$〔V〕，青/白/青緑などのLEDは$V_F=3.2\sim3.4$〔V〕程度です．

それでは，1.9Vの電圧をかけて10mAの制御ができるのでしょうか．答えはノーです（もちろん，すべての要因を解消すれば可能ですが）．LEDの順方向電圧は，温度にも左右されます．LEDの温度が上がると順方向電圧が下がり，より多くの電流が流れます．発光して発生した熱が順方向電圧を下げ，さらに電流を増やすように働きます．このスパイラル（繰り返し）により，最大定格値を超え「熱暴走」を起こす危険性が出てきます．また，データシートによれば，0.1Vの変化で数十mAも

 **光量の単位**

LEDの輝きを表す単位として，光度と光束があります．光度（カンデラ〔cd〕）は光の強度であり，LEDでは指向角がありますから，発光部に対して垂直に見た光の量となります．光束（ルーメン〔lm〕）は光の総量ですので，LEDから放射された光をすべてまとめた量となります．砲弾型やチップ型ではカンデラが，ハイパワー型ではルーメンが使用されています．

図5-1-3 LEDの直列接続

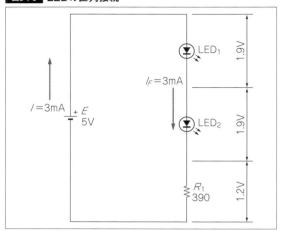

図5-1-4 LEDの並列接続

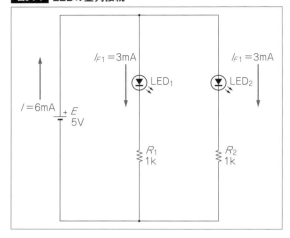

変化します．LEDにはバラつきがありますので，1.9～2.5Vの順方向電圧差0.6Vの変化では，6倍にもなります．

このように，順方向電圧が変化するLEDでは，電圧を決めても安定した電流が流れるとは限りません．このことが，電球のように直接電源に接続すると壊れてしまう理由です．そこで，電流制御をする回路が必要になります．

● 電流制限抵抗値の計算

それでは，順方向電圧(V_F)はどのように使用するのでしょうか．電源電圧(E)から順方向電圧(V_F)ぶん降下するのですから，$(E-V_F)$〔V〕となり，この電圧を使って設定した順方向電流(I_F)を流すときの抵抗(R)は，$(E-V_F)$〔V〕$/I$〔A〕$=R$〔Ω〕です．例えば，電源電圧(E)が5V，順方向電圧(V_F)が1.9V，順方向電流(I_F)が3mAであれば，$(5-1.9)$〔V〕$/3$〔mA〕$=1033$〔Ω〕≒1〔kΩ〕となり，電流制限抵抗器は1kΩです．

定電流であれば順方向電圧も一定ですので，このことを利用して約2V用の電源電圧として利用することもできます．

● 逆方向電圧(V_R)以上を加えない

LED三原則の最後が，「逆方向電圧(V_R)以上を加えない」です．LEDが点灯する方向とは逆に，すなわちアノードにマイナス，カソードにプラスを接続したときの電圧を「逆方向電圧」と言います．例えば，小信号スイッチング・ダイオード

1S2076Aの最大定格逆方向電圧(逆耐圧)は，60Vあります．しかし，LEDの逆耐圧はとても低く，5Vしかありません．また，3VのLEDや5V以上のLEDもありますので，必ずデータシートを確認してください．

とはいえ，型番不明や忘れてしまったものもあると思いますので，とりあえず5V以上の逆方向電圧をかけないことをお勧めします．

ダイオードは，逆方向電圧(V_R)が逆耐圧以上になると，急激に逆方向電流(I_R)が増加します．その発熱作用でLEDが焼き切れ壊れてしまいます．通常は，順方向電圧(V_R)をかけて順方向電流(I_F)を制御して使用します．しかし，鉄道模型の前照灯や尾灯の切換回路などのように，逆方向電圧(V_R)を配慮する場合も出てきます．また，極性を調べるときや交流で点灯させるときには注意が必要です．

直列接続と並列接続

LED三原則を守りながら，直列接続と並列接続を考えてみます．用途に応じて使い分けてください．

● 直列接続

図5-1-3がLEDの直列接続です．直列の場合には，同電流となります．電源電圧は，LEDの個数ぶんの順方向電圧が必要となります．電流が共通ですので，LEDにより輝きがバラつきますので，点灯試験して同じ輝きのものを選択する必要があ

写真5-1-1 袋詰めで販売されているLED

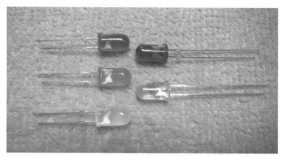

写真5-1-2 砲弾型LED（φ5mm）

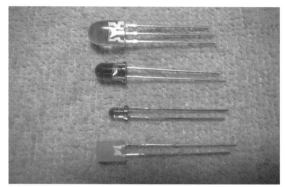

写真5-1-3 砲弾型LED（上からφ8mm，φ5mm，φ3mm，□5mm）

ります．

● 並列接続

図5-1-4がLEDの並列接続です．並列の場合には，同電圧となります．電源電流は，LEDの個数ぶんの順方向電流が必要となります．また，LEDにはバラつきがあり，電流は流れやすいLEDに集中して流れます．このため，電流制限はLEDごとに行います．電源電圧を低く抑えることができますので，鉄道模型のように，モータが回る前（発車する前）に灯火類を点灯させたいときには適しています．

LEDの種類

部品販売店の店頭やインターネット販売でも，袋詰めのものを多く見かけるようになりました（**写真5-1-1**）．その種類も，形状/色/サイズなど非常に多く，どのLEDを使用すればいいのか迷ってしまいます．それだけ，安価で手軽に利用できるようになったことは，ものづくりをするうえで歓迎すべきことなのですが，悩みはつきません．

● 砲弾型LED

LEDといえば砲弾型をイメージすると思います（**写真5-1-2**）．赤外線リモコンから電子機器はもちろん信号機まで使われています．照明では，室内/車内/駅のホームにまで利用されています．

• 拡散型と高輝度型

砲弾型LEDには，パッケージが着色されているものと無色透明のものがあります．電源ON表示などのパイロット・ランプとして使用する拡散型には着色系が，高輝度型には無色透明系が利用されています．また，拡散範囲である指向角がありますので，広角と狭角を用途に応じて使い分けます．さらに，高輝度型を拡散型にする拡散キャップなどもあります．

• 色とサイズ

色は，赤外線から赤色，橙色，黄色，黄緑色，緑色，青緑色，青色，白色，紫外線など多くありますが，同じ黄色でもメーカーにより異なり，緑に近いものもありますので，点灯して確認することをお勧めします．サイズは，φ3mmとφ5mmが多く使われていますが，φ8mmやφ10mmのLEDもあります．**写真5-1-3**の最上部のφ8mmLEDは，赤（R）と緑（G）の2色LEDです．RとGのLEDチップが入っていますが，アノードまたはカソードが共通となっていてリードは3本です．すなわち，アノード・コモンまたはカソード・コモンがありますので，使用するときには回路に合わせて選択する必要が

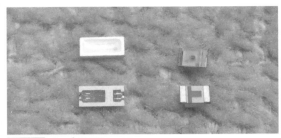

写真5-1-4 チップ型LED

写真5-1-5 3WハイパワーLEDとドライバ・モジュール(写真下側)

写真5-1-6 10WハイパワーLED(上:暖白色,下:正白色)

写真5-1-7 自動二輪車用LEDヘッドランプ
後部に放熱用のファンが付いている

写真5-1-8 LEDヘッドランプはかなりの明るさを確保できる

あります.**写真5-1-3**の最下部は角型のLEDです.

● チップ型LED

　スマートフォンや家電製品の状態表示であるインジケータに利用されています.チップ型LEDは,砲弾型LEDと同様に順方向電流(I_F)を20mAほどで点灯します.また,その種類も砲弾型LEDと同様に多くあります(**写真5-1-4**).

● ハイパワー型LED

　ハイパワー型LEDは,順方向電流(I_F)を100mA以上流すことができます(**写真5-1-5**,**写真5-1-6**).また,照明用のLEDとして使用され,W(ワット)数で表示されます.砲弾型やチップ型が20～30mAですので,3～5倍流せることになります.明るさは100～1000lm(ルーメン)となり,危険なほど明るいため絶対に直視しないでください.網膜の損傷や健康に影響を与える可能性があります.それほど,明るいということです.ただし,発熱も半端ではありませんので,メーカー推奨の放熱対策が必要となります.ということは,火傷しないようにも注意が必要です.

　最近では,自動車用や自動二輪車用のLEDヘッドランプもあります.**写真5-1-7**は自動二輪車用として売られているもので,20W前後の消費電力ですがかなり明るく感じます(**写真5-1-8**).そのぶん,放熱もたいへんとなり,後部にファンが取り付けられ,LEDライト点灯中は勢いよく回転し

表5-1-1 ハイパワーLEDの例

光束(lm)	V_F(V)	I_F(mA)	W表示(W)	指向角(deg)	写真	備考
200	3.3〜3.6	700	3	120	写真5-1-5	ボントン
900〜1000	10〜12	800〜900	10	—	写真5-1-6	サトー電気

写真5-1-9 7セグメントLED表示器

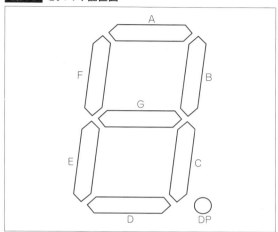

図5-1-5 セグメント配置図

て放熱を高めます．

• 定電流制御はスイッチング方式を使う

　これら照明用LEDの大電流を制御するには，抵抗器や定電流ダイオードではなく，スイッチング方式の定電流電源が適しています．**写真5-1-5**の下側の部品は，3WハイパワーLEDとそのLEDを1灯制御することができるドライバ・モジュールです．スイッチング・レギュレータIC「MC34063A」を使って，DCまたはAC12VをDC3〜4Vまで降圧し，600mAの定電流電源として，3WハイパワーLEDを制御します．また，もっとパワーの大きなLEDもあります．**写真5-1-6**は，サトー電気で購入した10WハイパワーLEDです．**表5-1-1**に，規格をまとめておきました．点灯に必要な情報は，添付またはWebサイトで公開されているので，データシートと合わせて確認することをお勧めします．

　ところで，MC34063Aは，100円ショップで販売されている「シガーライター用DCアダプタ」にも使われている定番のICです．データシートを入手して，専用ドライバ・モジュールを製作することもできます．また，各種ドライバ・モジュールが販売されていますので，それを利用することもできます．

● 7セグメントLED表示器

　デジタル電圧計やデジタル電流計などの表示で，よく利用されているLED表示器です．7セグメントLEDは，数字を構成する7個のLEDを組み合わせたものです．しかし，小数点がありますので，実際は8セグメントになります．サイズや色も多種多様で，**写真5-1-9**の下側のように複数の7セグメントLEDが連結されているものまであります．用途に応じた使い方ができるので，とても便利です．

• 端子名と極性

　各LEDセグメントの端子名（**図5-1-5**）は小数点を右下にして，上からA，時計回りにB，C…となり，最後がFで，中央横線がGとなります．また，小数点はDPとなります．また，小数点を含めると8個のLEDですので，リードが16本必要になりますが，10本にまとめられています．まとめ方として，アノード端子を一つにしたアノードコモン［**図5-1-6(a)**］とカソード端子を一つにしたカソードコモン［**図5-1-6(b)**］があります．また，DP（デジマル・ポイント）が独立しているものと，コモンへまとめられているものがあります．セグメン

図5-1-6 セグメント配置図

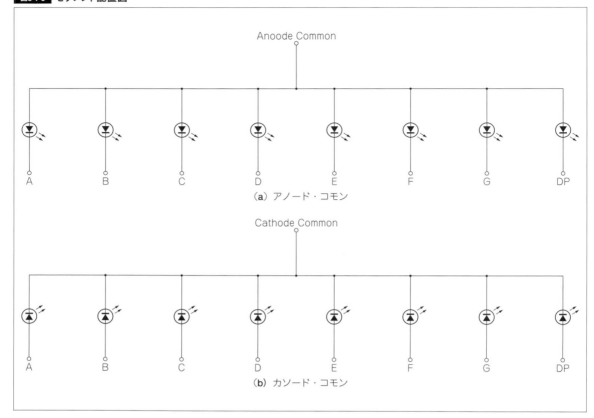

(a) アノード・コモン

(b) カソード・コモン

トと端子番号は製品により異なることがありますので，必ずデータシートを確認するか，実際に点灯させて確認が必要です．

● 点灯方式

1桁の7セグメントLEDを点灯するのに，コモン以外に7本の配線が必要となります．例えば，**写真5-1-9**の下側の4桁表示を点灯する場合，28(=4×7)本となります．これは，スタティック点灯方式ですが，ほとんど使用されていません．一方，多く利用されているのがダイナミック点灯方式です．これは，同時に4桁を点灯するのでなく，1桁の点灯を切り替える方法です．瞬間的には1桁しか点灯していませんが，人間の目にわからないくらいの点滅周期であれば，残像が残り4桁が点灯しているように見えるのです．これは，「4-1 鉄道模型のジオラマ電飾を作る」と同じですね．配線も少なくなり，桁の切り替え線が1桁で1本追加さ

れますので，4桁表示を点灯する場合，11(=7+4×1)本となります．また，ロジックICやPIC，Arduino UNOで制御するときには，コモン側にトランジスタを使用したスイッチを入れ，桁切り替えを行うとともに最大7個(小数点を含めると8個)ぶんのLED点灯電流を供給します．

● バーLED表示器

ビジュアル表示の電池残量計，V/UメータやSメータなどに，多く利用されているバーLED表示器です．**写真5-1-10**の上にあるバーLED表示器は，10個のLEDセグメントから構成され，端子が20本あります．製作に使用したドット/バー・ディスプレイ・ドライバLM3914/3915/3916と組み合わせるのに，最適なバーLED表示器です．

横長のバーLED表示器(**写真5-1-10**下)は，12個のLEDセグメントから構成され，端子が24本あります．さらに，配色ごとにアノードまたはカソー

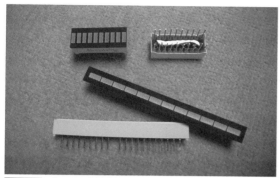

写真5-1-10 バーLED表示器

写真5-1-11 ドットマトリクスLEDモジュール

写真5-1-12 通常LED(左)と自己点滅型LED(右)
電極部分に違いが見える

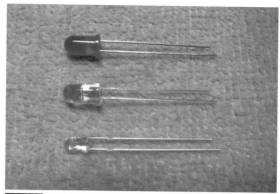

写真5-1-13 自己点滅型LEDのいろいろ

じです．しかし，5×7，8×8，16×16などサイズや色も豊富にあり，数字や記号も表示できるので応用範囲は広いのではないでしょうか．また，**写真5-1-11**のドットマトリクスLEDモジュールは，16×32のドットマトリクスLED表示器に，LED駆動用ICを搭載したモジュールです．直接，PICやArduino UNOなどのマイコンと接続し制御することができます．

● **自己点滅型LED**

　いままでご紹介したLEDは電流制御でしたが，この自己点滅型LEDは電圧制御となります．姿はLEDですが，自己点滅制御をするICが組み込まれています．**写真5-1-12**の左が通常のLEDで，右側が自己点滅型LEDですが，パッケージ内部の構造が異なっています．このICの駆動電圧には，3.3Vと5.0Vがあります．ただし，データシートを確認してください．もちろん，組み込まれているLEDチップ単体は電流制御です．

　自己点滅型LEDにも，いろいろな種類があります．大きく分けると，点滅するLEDと変化するLEDとなります．点滅するLED(**写真5-1-13**上)には，点滅周波数があります．また，変化するLEDには，7色イルミネーション変化と変化周期があります．**写真5-1-13**下の2個は，IC内蔵のイルミネーション・フルカラーLEDで，赤～緑～青～黄～水色～紫～白～赤(周期約1分)に変化します．余計な回路を組む必要がないので，クリスマス・ツリーや玩具，照明，ディスプレイなどに向いています．

ドをまとめたものもありますので，やはりデータシートの確認は必須です．

● **ドットマトリクスLED表示器**

　駅のホームにある列車の時刻と行き先を表示している発車標も，フルカラーのドットマトリクスLED表示器になり，とても見やすくなっています．ドットマトリクスLED表示器は，ドットマトリクス状にLEDを配置した表示器です．基本的な構成や制御方法は，7セグメントLED表示器と同

5-2 φ5mm LED規格表

発光色	種類	型番	順方向電圧 V_F Typ(V)	I_F(mA)	最大定格 I_F(mA)	最大定格 V_R(V)	光度 (mcd)	指向角 (deg)	メーカー
赤	無色透明	SLI-580UT	1.9	20	50	9	5000	12	ローム
	透明着色	GL5PR40	1.9	5	10	5	35	15	シャープ
		GL5HD40	2	20	30	5	250	15	シャープ
		OSDR5113A	2	20	30	5	1500	15	OptoSupply
	無色透明	OS5RPM5B61A-QR	2.1	20	50	5	7000	15	OptoSupply
		OS5RPM5111A-TU	2.1	20	50	5	12000	15	OptoSupply
		OSR7CA5111A	2.1	20	50	5	15000	15	OptoSupply
		OSR5MA5111A-VW	2	20	50	5	18000	15	OptoSupply
		OSR5CA5111A-WY	2.1	20	50	5	22000	15	OptoSupply
		OS5RKA5111A	2.1	20	70	5	50000	15	OptoSupply
		OS5RKA5111P	2.3	60	70	5	75000	15	OptoSupply
		SLI-570UT	1.9	20	50	9	3000	25	ローム
	透明着色	UR5364X	2.2	20	50	5	580〜	26	スタンレー
		OSR5JA5E34B	2.1	20	30	5	250	30	OptoSupply
	無色透明	OSR5RU5A31E-NO	2.1	20	30	5	3000	30	OptoSupply
		SEL1210S	1.9	10	30	3	75(20)	40	サンケン
		SLI-560UT	1.9	20	50	9	1000	40	ローム
		SEL1210R	1.9	10	30	3	26(20)	60	サンケン
		OSR5CA5B61P	2.2	70	70	5	19000	60	OptoSupply
		OS5RKA5B61P	2	20	70	5	48000	60	OptoSupply
深赤	無色透明	SEL1110S	2	10	30	3	4.5(5)	40	サンケン
桃	無色透明	OSPK5111A	3.1	20	30	5	4000	15	OptoSupply
		OSK54K5111A	3.1	20	30	5	7000	15	OptoSupply
橙	無色透明	SLI-580DT	1.9	20	50	9	5000	12	ローム
	透明着色	GL5HS40	2	20	30	5	200	15	シャープ
	無色透明	SLI-570DT	1.9	20	50	9	3000	25	ローム
		SLI-560DT	1.9	20	50	9	1000	40	ローム
		OS5OAA5111A	2.1	20	50	5	60000	15	OptoSupply
		OS6OGA5111A	2.1	20	50	5	75000	15	OptoSupply
黄	無色透明	SLI-580YT	1.9	20	50	9	5000	12	ローム
	透明着色	OSYL5113A	2.1	20	30	5	1200	15	OptoSupply
	無色透明	OSYL5111A-TU	2.1	20	50	5	12000	15	OptoSupply
		OSY5CA5111A-WY	2.1	20	50	5	22000	15	OptoSupply
	透明着色	OS5YKA5111A	2.1	20	70	5	50000	15	OptoSupply
	無色透明	SLI-570YT	1.9	20	50	9	2500	25	ローム
	透明着色	UY5364X	2.2	20	50	5	640〜	26	スタンレー
		OSY5JA5E34B	2.1	20	30	5	350	30	OptoSupply
	無色透明	OSY5RU5A31E-NO	2.1	20	30	5	3000	30	OptoSupply

発光色	種類	型番	順方向電圧 V_F		最大定格 I_F(mA)	最大定格 V_R(V)	光度 (mcd)	指向角 (deg)	メーカー
			Typ(V)	I_F(mA)					
黄	無色透明	SEL1710K	2	10	30	3	65(10)	40	サンケン
		SLI-560YT	1.9	20	50	9	1000	40	ローム
		SEL1710Y	2	10	30	3	22(10)	60	サンケン
		OSY5EA5B61A-QR	2.1	20	50	5	7000	60	OptoSupply
		OS5YPM5B61A-QR	2.1	20	50	5	7000	60	OptoSupply
		OSY5CA5B61P	2.2	70	70	5	19000	60	OptoSupply
黄緑	透明着色	GL5HY40	2	20	30	5	250	15	シャープ
		OSNG5113A	2	20	30	5	500	15	OptoSupply
		OSG8HA5E34B	2.1	20	30	5	220	30	OptoSupply
緑	透明着色	GL5EG40	2.1	20	30	5	250	15	シャープ
	無色透明	OSPG5111A	3.6	20	25	5	8000	15	OptoSupply
		OSPG5111A-VW	3.4	20	30	5	18000	15	OptoSupply
		OSPG5111A-34	3.1	20	30	5	36000	15	OptoSupply
		OSG58A5111A	3.1	20	30	5	45000	15	OptoSupply
		UG5304X	3.7	20	25	5	2000〜	26	スタンレー
		SEL1410E	2	10	30	3	84(20)	40	サンケン
		SEL1410G	2	10	30	3	32(20)	60	サンケン
		OSPG5161A-RS	3.4	20	30	5	8400	60	OptoSupply
		OSPG5161P	3.3	50	50	5	18000	60	OptoSupply
黄緑	無色透明	OSBG5111A	3.6	20	25	5	8000	15	OptoSupply
		UC5304X	3.7	20	25	5	2000〜	26	スタンレー
青	無色透明	OSUB511A	3.4	20	25	5	7000	15	OptoSupply
		OSUB5111A-ST	3.1	20	30	5	10000	15	OptoSupply
		OSB56A5111A	3.1	20	50	5	20000	15	OptoSupply
		UB5304X	3.7	20	25	5	600〜	26	スタンレー
		OSUB5161A-PQ	3.4	20	30	3	5800	60	OptoSupply
		OSUB5161P	3.3	50	50	5	8400	60	OptoSupply
氷青	無色透明	OSB64L5111A	3.1	20	30	5	20000	15	OptoSupply
白	無色透明	OSPW5111B-QR	3.4	20	30	5	7000	15	OptoSupply
		NSPW500CS	3.6	20	30	5	11000〜	15	日亜化学
		NSPW500DS	3.2	20	30	5	15500〜	15	日亜化学
		OSPW5111A-YZ	3.1	20	30	5	25000	15	OptoSupply
		OSPW5111A-Z3	3.1	20	30	5	30000	15	OptoSupply
		OSW5DK5111A	3.1	20	30	5	40000	15	OptoSupply
		OSW54K5111A	3.1	30	50	5	45000	15	OptoSupply
		OSW54L5111P	3.3	50	50	5	75000	15	OptoSupply
		OSWT5161A	3.1	20	30	5	6000	60	OptoSupply
		OSW54K5B61A	3.1	30	50	5	10000	60	OptoSupply
		OSPW5161P	3.3	50	50	5	15000	60	OptoSupply
		OSW54L5B61P	3.3	50	50	5	20000	60	OptoSupply
		OSWR4356D1A	8.5	20	25	5	5800	130	OptoSupply
電球	無色透明	OSWC5111A-VW	3.1	20	30	5	18000	15	OptoSupply
		OSM54K5111A	3.1	20	30	5	35000	15	OptoSupply

光度は,( )内に指定のない限り,標準順方向電圧時の順方向電流の場合.

2015年3月末調べ.

索 引

アルファベット

1N34	91
1N60	91
1S2076A（小信号ダイオード）	115, 124
4017（ジョンソン・カウンタ）	73
aitendo	64, 89
analogReference関数	59
B1010S	119
C/C++	48
Cdsセル	74
CirQ	18
CL0117	110
C言語	28
D11510	119
delay関数	51
DP（デシマル・ポイント）	128
E24系列	100
Excel	96
Facebook	92
HO（16番）	108
ID-31	24
Jewel Thief（宝石泥棒）	109
Joule Thief（ジュール泥棒）	109
KATOキハ65系	114
LM317T	99
LM338	99
LM350	99
LM3914（リニア）	61, 64
LM3915（対数）	19, 61, 82
LM3916（V/Uメータ）	61
loop関数	48
main関数	31
MC34063A	127
Microchip社	47
mikro Elektoronika社	28
mikroC PRO for PIC	28
nanoWatt XLP	28
Nゲージ	113
ON AIR	91
PIC16F1827	28
PIC16F88	28
PWM	117
QIピン・ケーブル	16
randomSeed関数	52, 54
random関数	54
RCAジャック	21
RCAプラグ	21
RCスナバー回路	118
roulette	8
S9648-100（フォトICダイオード）	74
SD12100	119
SEL1210R（サンケン）	123
setup関数	48
SMAコネクタ	95
SPI/I2C	28
srand関数	40
switch文	34
UM66T-L（メロディIC）	72
USART	28
Visio	96
while文	31

あ行

秋月電子通商	64, 89
圧着端子	20
アノード（Anode）	122
音調（Tone）	84
拡散タイプ	99, 125

か行

カソード（Cathode）	122

索引

可変型低電圧電源 —— 99
カンデラ —— 123
帰還型発振回路 —— 11
疑似乱数 —— 40
逆方向電圧(V_R) —— 122
逆方向電流(I_R) —— 123
高輝度型 —— 125
高周波ノイズ対策 —— 119

さ行

サージ電圧 —— 118
最大逆方向電圧 —— 115
最大周囲温度(T_A) —— 101
最大接合部温度(T_J) —— 101
サトー電気 —— 66, 89
三色イルミネーションLED —— 18
三端子レギュレータIC —— 99
ししおどし —— 12
弛張型発振回路 —— 11
順方向電圧(V_F) —— 8, 122
順方向電流(I_F) —— 122
昇圧回路 —— 108
ショットキー・バリア・ダイオード —— 91
ジョンソン・カウンタ —— 9
シリコンハウス —— 89
信号強度(Signal Stringth) —— 82
シンコー電機 —— 89
スケッチ —— 48, 59
スタティック点灯方式 —— 128
絶対最大定格 —— 123

た行

ダイナミック点灯方式 —— 128
チャージポンプ方式 —— 109
チョーク —— 109
直列接続 —— 124
チョッパー方式 —— 109
定電流回路 —— 99

定電流ダイオード(CRD) —— 115
デジット —— 89
デューティ比 —— 111
電圧降下 —— 123
電界強度計 —— 82
電流制限抵抗器 —— 8
特殊発光信号機 —— 71

な行

内部クロック —— 33
ノイズ除去回路 —— 118

は行

倍電圧検波 —— 91
パワーパック —— 114
汎用トランジスタ —— 8
汎用ロジックIC —— 9
非安定マルチバイブレータ —— 11
フローティング方式 —— 99
並列接続 —— 124
ホワイト・ノイズ発生回路 —— 11
ボントン —— 89

ま行

マルツ —— 89

ら行

ラジケータ —— 82, 91, 103
リフレクタ(反射板) —— 122
了解度(Readability) —— 84
リンギング周波数 —— 118
ルーメン —— 123
レンツの法則 —— 109

参 考 文 献

1章　LED工作の基礎

- JH1FCZ 大久保 忠「発光ダイオード(LED)で遊ぼう（6）クリスマスツリー」『CirQ』006号（2004年11月）pp.11〜13
- 内田 裕之「シャックの小物を理解しながら作る電子工作編[前編]」『別冊CQ ham radio QEX Japan』No.12（2014年9月）

2章　マイコンでLEDを光らせよう

- Massimo Banzi著，船田 巧訳『Arduinoをはじめよう 第2版』オライリー・ジャパン，2014年

3章　アマチュア無線お役立ち工作編

3-1　LED表示電圧計を作る

- National Semiconductor「LM3914 Dot/Bar Display Driver」February 2003
- National Semiconductor「LM3915 Dot/Bar Display Driver」February 2001
- National Semiconductor「LM3916 Dot/Bar Display Driver」January 2000

3-4　LED表示ON THE AIRを作る

- 内田 裕之「100円ショップ活用ヒント集プチ工作V/UHF帯簡易電波検出器」『CQ ham radio』2015年2月号，CQ出版社
- 高木 誠利「ＯＮ－ＡＩＲという表現について」
  http://homepage3.nifty.com/jj1grk/on-air2.htm（2015年3月3日アクセス）

3-5　LEDチェッカー

- 内田 裕之「シャックの小物を理解しながら作る 測定系編」 別冊CQ ham radio QEX Japan No.11（2014年6月），CQ出版社
- ナショナルセミコンダクター『LM317A/LM317可変型三端子レギュレーター』データシート，2007年4月

4章　LEDイルミネーション工作を楽しもう

4-1　ジオラマ用LEDイルミネーション

- オライリー・ジャパン「ジュールシーフを作ろう」
  ftp://ftp.oreilly.co.jp/download/wp_joule_thief_jp.pdf（2015年3月3日アクセス）
- ブレッドボードラジオ「1.5VでLEDを点滅させる回路」
  http://bbradio.sakura.ne.jp/15vled1/15vled1.html（2015年3月3日アクセス）

4-2　鉄道模型の前照灯と尾灯を作る

- 『鉄道模型と電子工作』 智田 聡丞　CQ出版社

著者略歴

内田　裕之（うちだ・ひろゆき）

1958 年生まれ．ＪＢＣＣ株式会社に在職，SE（システムエンジニア）として従事後，現在マーケティング関連部門でベンダー窓口を担当．

第 1 級アマチュア無線技士（コールサイン JG1CCL），FCC Amateur Extra Class (Call Sign W3CCL)，ARRL/VEC Yokohama VE Team．The JARL QRP CLUB(#958)，The LF/MF Club of Japan，横浜みどりクラブ（JH1YMC）にてアンテナ製作プロジェクトを主催．

ホームページ：http://home.a02.itscom.net/rhd/jg1ccl/

主な著書：『みんなのテスターマスターブック』オーム社，2014 年

- ●**本書に関する質問について** ── 文章，数式，写真，図などの記述上の不明点についての質問は，必ず往復はがきか返信用封筒を同封した封書でお願いいたします．勝手ながら，電話での問い合わせは応じかねます．質問は著者に回送し，直接回答していただくので多少時間がかかります．また，本書の記載範囲を超える質問には応じられませんのでご了承ください．
- ●**本書記載の社名，製品名について** ── 本書に記載されている社名および製品名は，一般に開発メーカーの登録商標です．なお，本文中ではTM，®，©の各表示は明記していません．
- ●**本書記載記事の利用についての注意** ── 本書記載記事は著作権法により保護され，また産業財産権が確立されている場合があります．したがって，記事として掲載された技術情報をもとに製品化するには，著作権者および産業財産権者の許可が必要です．また，掲載された技術情報を利用することにより発生した損害などに関しては，CQ出版社および著作権者ならびに産業財産権者は責任を負いかねますのでご了承ください．
- ●**本書の複製などについて** ── 本書のコピー，スキャン，デジタル化などの無断複製は著作権法上での例外を除き，禁じられています．本書を代行業者などの第三者に依頼してスキャンやデジタル化することは，たとえ個人や家庭内の利用でも認められておりません．

JCOPY 〈（社）出版者著作権管理機構委託出版物〉
本書の全部または一部を無断で複写複製（コピー）することは，著作権法上での例外を除き，禁じられています．本書からの複製を希望される場合は，（社）出版者著作権管理機構（TEL：03-3513-6969）にご連絡ください．

ハムのLED工作お役立ちガイド

2015年5月1日　初版発行　　　　　　　　　　　　　© 内田 裕之 2015
（無断転載を禁じます）

著　者　内田 裕之
発行人　小澤 拓治
発行所　CQ出版株式会社
〒170-8461 東京都豊島区巣鴨 1-14-2
電話　編集　03-5395-2149
　　　販売　03-5395-2141
振替　00100-7-10665

ISBN978-4-7898-1564-2
定価はカバーに表示してあります．

乱丁，落丁本はお取り替えいたします．　　　　　　編集担当者　甕岡 秀年
Printed in Japan　　　　　　　　　　　　　　　本文デザイン・DTP　㈱コイグラフィー
　　　　　　　　　　　　　　　　　　　　　　　印刷・製本　三晃印刷（株）